航天器结构材料

韩修柱 编著

国防工业出版社

·北京·

内 容 简 介

本书针对航天器结构对材料的背景需求，概括性介绍了航天器结构的特点、选材原则及对材料的特殊要求；系统介绍了目前材料在航天器结构中的应用情况，梳理和构建了材料应用型谱和实际性能数据库；总结了工程中常用的材料制造技术及其面临的工程问题、解决方案等；提出了航天器结构材料的后续重点发展方向。

本书可供从事材料研究、开发和应用的学者、科研人员和工程技术人员阅读，同时也可作为航天器结构设计师在材料基础性能、制造原理、工艺控制参数等方面的参考资料。

图书在版编目（CIP）数据

航天器结构材料/韩修柱编著．—北京：国防工业出版社，2023.1
ISBN 978－7－118－12778－2

Ⅰ.①航… Ⅱ.①韩… Ⅲ.①航天器－航天材料 Ⅳ.①V25

中国国家版本馆 CIP 数据核字（2023）第 020566 号

※

国防工业出版社出版发行

（北京市海淀区紫竹院南路23号 邮政编码100048）
天津嘉恒印务有限公司印刷
新华书店经售

*

开本 710×1000 1/16 印张 13 字数 232 千字
2023 年 1 月第 1 版第 1 次印刷 印数 1—2000 册 定价 78.00 元

（本书如有印装错误，我社负责调换）

国防书店：(010)88540777 书店传真：(010)88540776
发行业务：(010)88540717 发行传真：(010)88540762

前 言

我国航天器结构材料的研究始于20世纪50年代末期,历经了60余年的发展,其在研发、制备、评价和工程应用方面取得了一定的成绩,初步形成了成系统的材料体系和工程应用准则。随着我国由航天大国向航天强国迈进,航天器结构技术水平也要求达到甚至超过国际先进水平,而作为航天器结构的重要支撑——先进材料,也面临性能提升、特殊功能实现、特殊环境考核、特种制造技术升级等全方位的挑战。在后续型号中,航天器的在轨(飞行)长寿命需求、耦合空间环境的材料演化、兼顾功能与承载的新型材料开发、基于先进制造技术的材料系统研究、面向交叉学科应用的材料发展等均为先进材料研究学者重点攻关的方向。目前,在材料科研单位与材料应用单位之间,材料研究人员与结构设计人员、工艺人员之间均存在着较为明显的技术传递、转化和应用壁垒,缺乏融合材料研究、结构设计和工程应用的专著。

作者多年从事航天器结构材料、工艺技术、结构设计与考核应用相关工作,以此为积累,对航天器结构材料和制造技术进行了系统梳理。在结构设计层面,本书重点介绍目前航天器结构设计师对材料的认知误区、盲区等方面的问题,以期让结构设计师们能够更好地了解材料研制的研发前端和应用后端,助力他们更好地选材,避免因材料应用不当带来的工程问题;在材料研制层面,重点针对现有结构在(块体)材料制备技术瓶颈、多功能结构对材料的新要求、特殊空间环境与材料耦合等方面进行了介绍,梳理了目前航天器结构材料面向工程应用的研制难点,为材料研究人员更好地掌握材料提供研究和发展方向,引导材料行业更好地发展,为航天器后续型号结构的研制提供助力。本书旨在通过介绍材料在航天器(本书中特指空间航天器,不含武器)结构领域的应用现状、目前存在的问题和后续结构对材料的需求,通过介绍材料的研究体系、型谱和先进制造技术,引导科研人员解决航天器结构研制中的实际问题。本书首先对航天器结构的概念、功能、设计原则和特点进行了简要介绍;随后对航天器结构材料的应用现状进行了重点阐述,介绍了结构选材原则、结构材料分类、材料型谱和材料力学性能,并针对目前航天器结构材料在实际工程应用中亟待解决的制造技术、应用研究和新型材料研究等方面面临的问题进行了归纳;接着系统梳理了目前航天器结构材料的主要制造技术原理、工艺特点、实际工程中的典型问题及结构设计优化和解决措施等;最后,结合航天器结构特点、材料的应用、制造技术等,分别从面向先进结构技术的提升、先进制造技术的升级和交叉学科的应用三个层面提出了后续结构材料的发展方向。

本书由柴洪友研究员主审，韩修柱高级工程师负责全书的统稿、校对。本书在编写过程中，得到了中国运载火箭技术研究院总体设计部袁文权研究员、航天材料及工艺研究所逄锦程高级工程师，中国科学院宁波材料研究所张浩研究员，中国空间技术研究院总体设计部张琳研究员和臧晓云、周志勇、成志忠、刘峰、马彬等高级工程师，北京卫星制造厂祁俊峰研究员、王哲高级工程师的帮助。韩修柱负责本书第1章、第3章、第5章的撰写；臧晓云、成志忠、韩修柱、周志勇、马琳、张琳负责本书第2章的撰写，袁文权参与撰写并提供了运载火箭结构方面的部分素材；逄锦程参与撰写并提供了运载火箭结构材料方面的部分素材；祁俊峰、王哲负责本书第4章的撰写。

本书在国家自然科学基金《热力耦合累积叠轧Mg/Ta复合层板的界面形成机制与协调变形调控》(52275308)、装备发展部"十四五"装备预研共用项目《高强轻质Mg-Li合金材料研究》(编号50922010302)和中国空间技术研究院"杰青"基金(2021399)等课题的支持下撰写而成。作者参阅了大量的国内外科技论著、文献并在书中规范引用。在此一并表示感谢。

航天器结构材料的应用、发展及工程中的问题是一个长期的动态过程，随着材料研发技术、制备技术和应用水平的提升，结构材料的研究与应用必将逐步深化和发展。本书为方向的初步梳理和介绍，由于作者水平有限，难免存在疏漏和不足之处，恳请广大读者和专家批评指正。

作者

2022年7月于北京航天城

目 录

第1章 绪论 …………………………………………………………… 1
  1.1 先进材料助力结构技术的提升 ………………………………… 1
  1.2 结构技术牵引先进材料的发展 ………………………………… 2

第2章 航天器结构 …………………………………………………… 4
  2.1 航天器结构的概念 ……………………………………………… 4
  2.2 航天器结构的功能 ……………………………………………… 5
  2.3 航天器结构种类 ………………………………………………… 6
  2.4 航天器结构的环境和载荷 ……………………………………… 7
  2.5 航天器结构的研制 ……………………………………………… 16
  2.6 航天器结构设计 ………………………………………………… 20
  参考文献 ………………………………………………………………… 27

第3章 航天器结构材料应用 ………………………………………… 28
  3.1 结构选材原则 …………………………………………………… 28
  3.2 结构材料分类 …………………………………………………… 32
  3.3 结构材料型谱 …………………………………………………… 38
  3.4 结构材料性能 …………………………………………………… 57
  3.5 结构材料工程应用中的问题 …………………………………… 57
  参考文献 ………………………………………………………………… 68

第4章 航天器结构材料制造技术 …………………………………… 71
  4.1 航天器结构制造技术分类 ……………………………………… 71
  4.2 传统制造技术 …………………………………………………… 72
  4.3 新型制造技术 …………………………………………………… 110
  参考文献 ………………………………………………………………… 134

第 5 章　航天器结构材料发展 ………………………………………… 137
　5.1　面向先进结构技术的材料发展 ……………………………… 137
　5.2　面向先进制造技术的材料发展 ……………………………… 144
　5.3　面向交叉学科应用的材料发展 ……………………………… 149
　参考文献 ………………………………………………………………… 153

附录 …………………………………………………………………………… 155

第 1 章 绪论

航天器(空间飞行器)系统的其中一个重要的分系统或者组成部分即为结构。结构的最原始形态为材料,材料经过开发、研究制备成具有简单规则外形的块体材料(如方坯、铸锭等),块体材料在融入特定的设计思想和先进制造技术之后就变成了具备一定功能的结构。因此,对于航天器结构材料来说,介绍结构的出发点必然为材料,而研究(制备)材料的落脚点也必然为结构。结构和材料从工程价值实现的角度来说,是一对相互支持、相互借鉴、共赢的组合体。基础材料开发和研制水平的提高,能够在某种程度上提升结构的承载能力、实现结构的多功能化、促进结构的减重,从而推动结构技术水平的提升。同样地,由于结构技术是在满足航天器的总体任务目标要求的过程中体现其工程价值,因此结构技术总会出现多类型、多层次、多功能等特殊要求,这些对结构的特殊要求在结构设计过程中一部分就转化分解为对材料的指标要求,分解后的指标要求又牵引或者推动了材料的发展进步。

因此,结构和材料是相互共生的组合,二者之间的关系也体现在结构与材料对总体目标实现的辩证统一之中。高性能、多功能、轻量化材料实现应用的目的是促进结构技术的提升,实现航天器的总体任务目标,高承载、多功能、轻量化结构的需求主旨是引领材料发展。综上所述,本章主要从两个方面阐述材料和结构相互支撑、共荣共生的一体关系。

1.1 先进材料助力结构技术的提升

材料是现代科学技术、社会经济发展和国家安全的重要支柱。多年来,世界各国均投入了巨大的人力、财力和物力开展先进材料的研究与制备工作。在航天领域,随着航天器对载荷一体化、功能一体化、结构轻量化等的要求越来越明显,航天器结构在实现目标任务、多功能要求、高承载能力等方面,技术层面所面临的瓶颈问题越来越多,急需结合后续的航天器研制任务进行系统的规划和梳理,制订结构技术提升的计划。而先进材料的选择与工程应用是突破结构技术目前瓶颈问题的主要途径之一,材料助力结构技术的提升主要体现在以下四个方面。

1）提高结构的承载能力

结构的承载能力主要取决于结构形式设计和其选用的材料性能,结构形式设计和材料选用影响结构的整体力学性能。在同等承载条件下,高性能材料（如高强度、高刚度）能够在满足承载要求的前提下,为结构优化设计和减重提供更广阔的空间。可通过结构的形式改变,对结构进行精细化梯度设计,优化形成异形多维度的新型结构形式,降低结构设计冗余,充分发挥结构力学性能的使用效率。在面对更高承载能力要求时,高性能材料的研制或选用可以突破性地满足结构的承载要求,使得在高承载要求下结构设计和研制成为可能。

2）促进结构的减重

结构减重的主要途径有设计减重、材料减重和工艺减重,在现有结构设计和工艺水平一定的条件下,选用更为轻质的材料替代传统密度较大的材料,能在满足结构承载能力的同时,进一步降低结构的重量,这无疑是最为传统、直接和有效的结构减重途径。另外,高性能材料的研究与制备能够在满足承载要求的同时,降低结构的冗余尺寸,从而实现结构的绝对减重。最后,高性能材料的成功研究与制备能够促进设计师在结构设计时采用更为有效的结构形式,优化结构传力路径,减少不必要的设计环节,同时改善工艺性能,有利于结构的工艺制备,从而在结构设计和工艺制备层面降低结构的冗余度,使结构进一步减重。

3）实现结构的多功能化

随着航天器对结构功能多样化的要求越来越迫切,结构不仅要保证传统的承载、传力和维型等功能,还应具备多种功能,如缓冲阻尼功能、密封与防热功能、健康监测功能、减隔振功能等。而多功能结构的实现不仅依赖于结构的特殊设计,还依赖于一定功能的材料。材料对于结构多功能的实现主要通过如下两种方式:其一为材料本身具有特殊的功能（如柔性密封材料、高耐烧蚀防热材料）,这些特殊的功能能够直接转移到对应的结构上;其二为材料本身不具备某种特殊的功能,但该种材料可以通过融合、融入新的结构或配件,实现结构的功能,如健康监测结构所采用的材料。

1.2　结构技术牵引先进材料的发展

结构是航天器的基本骨架,是实现航天器任务、构型和功能的最基本要素。结构技术历经几个世纪的发展和积累,已经形成了多类型、多平台、多任务功能需求的不同结构形式。然而,对于航天领域,结构技术随着航天器功能多样化而呈现出再次技术提升的迸发时期。载人航天、深空探测和多目标卫星特殊功能的实现,均对结构技术提出了较高的要求。而新型结构设计和优化技术、新型高性能材料的应用是结构技术发展的主要两个施力点。为了促进航天器功能的实现,在新型高性能材料的工程应用方面,需要针对性地开展面向结构技术和功能实现的材料研究与研制。

1)高性能材料的研制

高性能材料涉及较广,不仅包含具有较高力学性能的材料,同时包含具有良好热物理性能的材料,高性能材料与结构之间的相互促进作用主要体现在结构承载能力的提升、结构的减重、结构形式的最优化设计。随着航天器功能和任务目的的多样化,对结构的承载能力、重量等的要求越来越严格,而高性能材料能够在相同结构形式下一定程度甚至大幅度提升结构的承载能力,保证结构的整体刚度。因此,为了满足航天器对结构高承载比、轻量化的要求,高性能材料的开发与研究已经逐渐发展成为一个特有的研究方向。另外,目前较多的航天器总体任务要求结构必须尽可能多地参与整器的构型设计和总体目标实现,而这就要求结构设计时拥有较大的设计空间和优化区间,采用高性能材料在满足力学承载的基础上,其制备成的结构具有更大的设计冗余空间,能够在较大或较为广阔的范围进行结构的优化设计。

2)兼具特定功能材料的研制

正如前面所述,航天器结构已经逐渐由单一的承载、传力等传统功能过渡为载荷结构一体化、结构功能一体化等,这就要求结构具备一定的功能特性。传统的航天器结构主要采用大规格的块体材料制备而成,国内鲜有报道兼具特定功能的大规格块体材料。为此,需针对特定功能的需求,开展新型功能材料的开发与研制,以满足结构所要求的诸如缓冲、减隔振、密封、防热、充气展开、健康监测等功能特性。

3)面向极端环境应用的材料研制

随着航天器进入、下降和着陆的模式和环境多样化趋势加剧,对于航天器的结构来说,要求结构具备长时承受严酷环境的能力,在极端环境下能够保证其结构特性和材料性能。这就要求制备结构的材料具备耐极端环境的能力,如长时间的在轨飞行、极寒、高温高盐等环境下,材料的性能需要保持相对稳定。对于面向极端环境应用的材料来说,国内在相关领域的研究较少,目前较为系统的、面向极端环境应用的材料研究,仍没有其成体系的相关成果。这一点相较于欧美等西方国家,仍有较大的差距。

第2章 航天器结构

航天是指进入、探索、开发和利用太空以及地球以外天体各种活动的总称。纵观世界各国,开展航天活动采用最多的工具是运载火箭和航天器。运载火箭从地面进入太空,在太空停留时间较短,一般充当运输航天器的工具。航天器主要在地球大气层以外的宇宙空间执行进入、探索、开发和利用太空以及地球以外天体的特定任务。为了完成各种特定任务(含运输、在轨工作、探索地外空间和星体等),航天器必须具备足够的强度和刚度及实现特定任务所需的力学、热物理等特性。而航天器结构作为航天器的重要骨架,主要承担着航天器在不同空间、工况、任务下的力学承载、构型保持和载荷传递功能,因而结构分系统是每一种空间航天器的基础分系统和先行分系统,结构的技术水平直接体现整个航天器的设计和制造技术水平,间接预示航天器后续的技术和任务拓展能力和范围。因此,不管是运载火箭还是空间航天器,均在航天器研制之初,先行开展结构的设计和研制,尽可能通过选用高性能材料、先进制造工艺和新的结构设计模式提升结构的技术水平,为后续航天器的整体设计和制造技术水平、任务的实现等提供支撑。

现代航天历经百余年的发展,空间航天器结构在形式、功能、技术复杂度等方面均产生了巨大的变化,结构技术水平经过了数代的更迭。本章旨在通过概括结构功能、种类、承载环境等,介绍结构的相关内容和知识,为后续章节掌握结构用材料的需求、特点、性能、发展方向等奠定基础。

2.1 航天器结构的概念

航天器结构是为运载火箭和航天器提供构型,为各分系统仪器设备提供支撑,承受和传递载荷,并保持一定的刚性和尺寸稳定性的部件、组件和附件的总称,是为空间航天器的功能任务服务的。

空间航天器的结构十分复杂,通常可由板、壳体、构架三类轻型部件组成。归纳起来,空间航天器结构形式主要有筒式加强筋结构(含焊接结构)、半硬壳蒙皮加强筋结构、整体壁板结构、蜂窝板加承力筒结构、桁架结构、板式结构等。

2.2 航天器结构的功能

本节概括性地介绍了结构分系统的功能,主要包括以下几个方面。

2.2.1 承受和传递载荷

航天器结构最主要的功能是承受载荷,作用在空间航天器上的各种载荷一般分为静态载荷和动态载荷。包括在地面操作和运输过程中产生的载荷、发射过程中产生的加速度、振动、冲击和噪声载荷;在轨(主要是空间飞行器)时由于温度交变、真空状态和变轨运动产生的载荷;再入大气产生的气动力和气动热以及着陆冲击载荷等。因此,结构在承受和传递载荷过程中应具备一些基本的性能要求:

(1) 所有结构在以上各种载荷作用下不产生材料断裂或屈服,或者失稳破坏。

(2) 结构满足运载火箭对航天器基频的要求,以避免在运载火箭的动态激励下产生过大的动力耦合载荷(共振现象)。

(3) 结构在上述载荷作用下不产生过大变形。例如,在轨道温度交变条件下,结构变形造成的有效载荷与精度基准的位移偏差不超过允许的范围。

总之,结构应具有足够的强度和刚度来承受整个寿命期间发生的各种载荷,以保证其本身不发生破坏和有害变形,从而保证其他分系统和有效载荷的正常工作。

2.2.2 提供设备安装空间

航天器结构需要为有效载荷和各个分系统的仪器设备提供安装空间和位置、安装界面和接口,以及具体的安装方式和连接件。这里的仪器设备泛指各种电子设备、推进剂贮箱、气瓶和管路以及天线、太阳翼等附件。有些热控部件的安装也需要通过结构来实施,如运载火箭贮箱和气瓶安装平台、卫星中预埋在结构中的热管、粘贴在结构板表面的OSR散热片、载人航天器中舱外航天服安装平台等。因此,结构在提供设备安装空间时,应具备一些基本的性能要求:

(1) 保证安装的连接强度和刚度,使得所安装仪器设备产生的载荷不超过允许的范围。

(2) 保证安装精度,使得所安装的仪器设备,如天线、光学设备等达到所需的位置精度要求。

(3) 提供和改善在空间环境(如高低温、空间辐射、微流星、空间碎片等)中的防护能力。

2.2.3 保证航天器构型

由于航天器结构为航天器的主体骨架,因此航天器整体结构形式基本上确定了整个航天器的构型,或者反过来说,航天器的构型基本上确定了运载火箭和航天器的结构形式,这两者是密切相关的。由此可知,结构在保证空间航天器构型方面也应具有一些基本的性能要求:

(1) 为航天器提供基本的构造。
(2) 为航天器提供基本外部形状和尺寸。
(3) 为航天器提供各种接口关系和连接形式,包括运载火箭和飞行器之间的星箭连接,本体与展开附件的连接以及与地面操作设备的连接等。

2.2.4 其他功能

航天器结构除了具有承受载荷、安装设备、提供构型三种基本功能外,有时根据特定的需求,还会具有其他特殊功能:

1) 密封功能

运载火箭某些舱段需要密封,以保证燃料正常工作;飞行器的某些舱段需要密封,以保证在空间和返回地面时舱内的设备或宇航员的正常工作和安全。

2) 防热功能

防热功能是返回式卫星和载人返回舱的特殊要求,以防止在返回地面时在大气中产生的高温造成返回失败。

3) 高精高稳功能

高精高稳功能是高精度遥感和导航卫星的特定要求,保证结构在轨精度和高稳定性,以期提供高精度遥感和导航数据、图片等。

4) 智能感应和监测功能

智能感应和监测功能是长期在轨的航天器面对空间环境碎片、高能粒子等动态感知能力的要求,以避免航天器在轨出现故障却无法感知和定位。

2.3 航天器结构种类

由于运载火箭和空间飞行器的功能大同小异,结构的种类也相互包含,因此下面概括性介绍运载火箭和空间飞行器结构的共性种类。

一般按照结构在飞行器系统中的作用分类,主要分为承载结构和功能结构。

1) 承载结构

按照结构在载荷传递中的作用将其分为主结构和次结构:主结构是航天器各组件与航天器之间的支撑,形成航天器的主要传力路径;次结构是安装在主结构上的各种支撑结构。也可将航天器结构分为三级：第一、第二级与上述主结构、次结构基本对应，第三级为电缆、管路等细小支架及电子设备等。

2）功能结构

结构除了传递载荷外，某些航天器结构还有密封作用，着陆返回式航天器或深空探测航天器还有热防护要求。因此，可以按照结构功能将结构分为承力结构、密封结构和防热结构。在多数情况下，为了减重的要求，多项结构功能是一体化的、重叠的，如密封结构也起承力作用。

按照组成结构的具体形式形状，可以把结构分为杆系结构、板式结构和壳体结构。随着航天器的发展，三种结构有机组合在一起构成一体化新型航天器结构是趋势。

（1）杆系结构。杆系结构可分为桁架和框架：桁架是由杆和接头组成的杆系结构，载荷作用在结构的节点上，各构件只承受轴向载荷（拉力、压力）；框架是通过其节点和构件承受剪切和弯曲的结构。

（2）板式结构。板式结构最主要的要求是提高其抗弯刚度和稳定性，但又要保证具有较小的质量。因此，目前在航天器结构中广泛采用的是具有蜂窝芯子的夹层结构。另外，板式结构也可由框架组成，以承受面外剪切力和弯矩，形成框架板式结构。

（3）壳体结构。壳体结构大多采用与板式结构类似的组成和制造工艺。其中，圆柱壳结构是普遍采用的壳体结构，典型的结构是作为航天器主承载结构部件的中心承力筒、运载火箭的筒段、级间段、后锥段等。

2.4　航天器结构的环境和载荷

航天器结构除了要经受在地面的制造、运输、贮存、试验等环境条件外，一般还要经历发射、空间轨道运行和（或）返回地面三个特殊的环境条件。发射阶段要经受严酷的过载和动力环境作用，返回式航天器在再入阶段还要经受过载、动力环境和气动热环境的联合作用。另外，航天器还必须长时间地工作在宇宙空间中，会受到许多不同于地面的特殊环境的长期作用，往往对材料性能产生较大的影响。所以，在选用材料时不仅要考虑工程本身所需的机、电、光等的性能指标，还必须要考虑以下工作环境的影响。

在发射过程中，航天器要经历噪声、振动、冲击和加速度等力学环境。而空间轨道运行是指航天器进入空间轨道后提供正常功能和服务后，要经历的真空、微重力、高低温交变、强辐射、原子氧、空间碎片和微流星等空间环境。值得注意的是，运载火箭作为航天器的运输工具，只是短期进入太空，一般不考虑空间轨道环境的影响。返回是指航天器完成预定的任务后，返回地面过程中再入大气时,产生的气动和气动热环境以及着陆冲击环境。航天器结构设计的特点和难点都与经历的上述环境有很大关系。航天器结构设计要求和实验条件的确定,很大程度上取决于其所经历的环境。因此,为了合理地设计、分析、制造和试验航天器结构,科研人员必须对航天器经历的所有环境条件有个全面而正确的了解。

载荷对航天器结构的影响最大,因为航天器结构最基本的功能是承受载荷,确保航天器结构本身及其所支撑的设备不破坏和不失效。可以毫不夸张地说,载荷条件对航天器结构的设计、分析、制造和试验起着举足轻重的作用。航天器所承受的载荷与环境条件有很大关系,因为绝大多数载荷来源于环境条件。由于航天器环境条件的复杂性和载荷的特殊性,因此航天器结构经历的载荷的确定也比较复杂。

本节首先按照航天器从地面研制到飞行任务结束的工作顺序,介绍其可能经历的各种环境,并讨论它们对航天器的影响,特别是对结构的影响。其次,对航天器的载荷进行简要说明。想深入详细了解载荷方面的知识请参看相关著作。

2.4.1 航天器结构经历的环境

1. 地面环境

虽然发射环境是航天器结构设计需要考虑的最关键环境条件,但是,也决不能忽视地面环境条件。通常遇到的地面环境有地面自然环境、制造、操作、贮存、运输和试验,现分别说明如下:

1) 地面自然环境

对结构可能有影响的地面自然环境有重力、大气压、温度、湿度、腐蚀和污染。

(1) 重力。由于地球表面存在重力,而空间轨道上基本没有。因此需要考虑地面重力对结构的影响以及两者差异带来的影响。例如,薄壁密封(非密封)壳体结构在焊接连接之前,可能会在自重的作用下发生变形,影响制造精度。为此在焊接时必须给予合理的支承。又例如,在地面重力作用下结构产生的弹性变形在入轨后会失重而消失,这对有高精度要求的结构支承结构可能有影响。

(2) 大气压。航天器在地面承受一个大气压,从地面到空间轨道,大气压逐渐变小,直至变为真空环境,无外压状态。这种外部压力环境的变化会使机构经受最大 0.1MPa 的附加内压。为此,对于航天器中密闭(密封)的结构来说,需要密封的封闭结构应该能承受这种附加压力,不需要密封的封闭结构应该添加通气孔,以避免结构受损。例如,运载火箭级间段设备安装槽、卫星用蜂窝芯子通气孔、载人飞船的头罩顶端阀门等。

(3) 温度。地面的温度变化会对航天器结构造成一定的变形,这种变形对制造尺寸精度要求的结构件会有一定影响。因此应该控制航天器结构在制造、运输、贮存、试验时的温度环境。

(4) 湿度。地面的湿度环境使树脂基等复合材料产生水解作用,降低树脂基等复合材料的力学性能;材料的地面吸湿有可能影响在轨的结构性能。因此应该控制航天器结构在制造、运输、贮存、试验时的湿度环境,必要时应采用干燥氮气保护措施。应避免材料在生产制造和贮存过程中发生吸湿作用。当对尺寸稳定性有较高要求时,应对材料(尤其是树脂基复合材料)吸湿前后的尺寸变化进行评价,满足要求方可使用。

(5) 腐蚀。在地面,大气中的水蒸气与制造过程中材料表面残留的某些化合物融合后会形成腐蚀介质,从而发生腐蚀现象,它会在材料表面引起斑点、裂纹、镀层脱落等,有可能降低结构的性能。在海洋发射环境中,航天器结构腐蚀一般有海盐环境腐蚀、电偶腐蚀、应力腐蚀等。因此,在结构设计时,应考虑材料在航天器整个寿命周期(贮存、运输、发射、在轨、返回等)内所经受的腐蚀环境和材料的耐腐蚀性能;应考虑相互接触或可能构成回路的异种金属之间以及金属与导电非金属材料之间的电偶腐蚀影响;用于结构或承载部件的金属材料(承受拉应力)应进行应力腐蚀开裂敏感性评价,必要时对材料进行防护。

(6) 污染。由于空气中的灰尘微粒可能对航天器造成污染,降低航天器结构的性能。因此应该规定航天器结构在制造、运输、贮存、试验时的洁净度,一般应在洁净间内进行装配、贮存和试验。

2) 制造环境

在航天器结构制造过程中,可能影响结构性能的因素主要如下:

(1) 局部应力。局部应力的存在会大大削弱结构强度,缩短其使用寿命。例如,钻孔可能引起材料开裂,尤其是引起复合材料结构件孔边缘的分层;金属薄板弯曲成形时的过度变形会导致材料开裂。

(2) 残余应力(内应力)。结构中存在残余应力的原因主要有原材料制备、铸造和锻造、焊接过程中加热不均匀、成形加工和机械加工、不同材料零件黏接加热固化、复合材料加热固化等。大多数金属材料件的加工残余应力并不显著,但有时也可能削弱零部件的强度,应采取热处理等措施来消除残余应力。应该特别重视复合材料构件加热固化造成的残余应力,这可能造成材料的分层或开裂,由于复合材料的残余应力不能消除,在航天器结构设计和分析中必须得到充分考虑。

(3) 局部变形。由于残余应力的释放会导致加工零件的变形,这种变形过程有时十分缓慢,加工要求精确形状和定位的零件时应该特别注意。另外,由于航天器结构一般是薄壁结构,在加工时应该注意由重力引起的变形,必要时应该添加中间支承。对可能发生蠕变的材料,应对其在使用工况下的蠕变行为进行评价,确保材料在寿命期内的性能满足使用要求。应对尺寸稳定性要求较高的精密部件采用材料的微屈服行为进行评价,确保材料在寿命期内的尺寸稳定性满足要求。

(4) 氢脆现象。氢脆现象是钛合金、高强度钢在加工时,防护不慎引入原子氢并扩散到它们内部发生脆性断裂的现象,会造成零部件的批次性报废。对具有氢脆敏感性的金属材料及易于引入氢的过程(如电镀、酸洗及析氢型腐蚀环境)进行识别和控制,在加工时应该注意避免原子氢扩散到钛合金、高强度钢内部。可以选用氢脆敏感性低的金属材料规避氢脆现象。对具有氢脆敏感性的金属材料及易于引入氢的过程进行识别和控制,避免材料及其制品在制造、装配、测试和使用过程中发生氢脆。

3) 操作环境

在加工、装配和试验过程中,经常要对大型结构件、舱段和整个航天器进行搬运、起吊、翻转等操作。一般应保证操作载荷不成为关键的结构设计载荷条件。例如,在起吊过程中,吊点位置应不使航天器结构产生过大应力和变形;起吊载荷不应超过 1.5g;起吊点位置应在被起吊件质心的上方以保持起吊稳定;在舱段等大型结构起吊时,应采取保持舱段形状的辅助起吊装置。例如,最常见的翻转操作是在质量特性测试中,因为航天器需要从垂直状态转向水平状态,所以通常把航天器结构连接在一个 L 型的支架上,随同 L 型支架一同翻转。必须仔细地考虑翻转过程中结构的连接强度和刚度,增加必要的辅助支承,以保证结构连接和支承的安全、可靠。

4) 贮存环境

在地面上,绝大多数时间内,航天器是处于停放或贮存状态,需要采取合理的停放姿态、停放支承或贮存设备,保证不因重力影响而产生不应有的结构变形。另外,贮存的环境条件应不对结构产品产生不利的影响,必要时要采用专门的贮存箱或贮存间,以保证合适的温度、湿度和洁净度条件。

5) 运输环境

运输过程可能遇到如下环境,应保证结构能够承受运输载荷带来的力学问题,并保留一定的设计裕度。

(1) 地面搬运。航天器常用起重机或叉车进行装卸,用搬运推车进行地面移动。为了不受过度的载荷,搬运中需要采用工作平稳的专用起重机、提供平整的地面条件或者设计专用的搬运设备。

(2) 地面(公路、铁路)运输。公路运输时引起的载荷通常高于铁路运输。汽车常遇到的环境是粗糙的地面条件,以及地面的凹凸和突变,并且它们具有随机性,会引起较大的冲击载荷。为了避免运输造成的疲劳损伤或破坏,应根据运输状态采取必要的减震措施或实际专用的运输包装箱。

（3）空运。飞机运输的载荷环境主要是由一些瞬态事件组成,如遇到着陆、飞行中的阵风,以及由扰动空气引起的随机震动。因此,飞机运输通常有空运环境规范,可按照产品运输状态,针对运输环境规范采取专用的运输包装箱,运输包装箱应有通气的措施。

（4）海运。由于尺寸问题,部分规格较大的航天器不得不采用海运。海运时,采用轮船运输的载荷环境主要是由一些瞬态事件组成,如海洋盐雾、海浪、阵风,以及引起的随机震动。因此,轮船运输通常有海运环境规范,可按照产品运输状态,针对运输环境规范采取专用的运输包装箱,运输包装箱应有通气的措施。

6）地面试验环境

地面试验是在模拟航天器结构实际环境或载荷条件下,通过试验考核结构的功能和性能是否满足要求。地面试验条件可分为两类:验收量级条件和鉴定量级条件。通常,验收量级的环境条件是实际飞行环境包络;鉴定量级大于验收量级(例如为 1.5 倍)。航天器结构必须通过地面鉴定量级的静力和动力环境试验。为此,结构设计应考虑比实际飞行环境更严酷的鉴定量环境或载荷条件。除此之外,地面试验还包括空间辐照环境(运载火箭不考虑)和温度交变环境,在结构部件设计和材料的选择时,应对此类环境的影响作充分的考虑。

2. 发射环境

发射过程从点火开始,到起飞,再到在预定轨道上运载火箭和空间飞行器分离时结束。运载火箭通常由几个级组成,当一级的推进剂耗完而熄火时,该级的结构、贮箱和发动机就与运载火箭分离,接着下一级发动机点火,直至将航天器送入预定轨道。针对发射环境主要事件,现分别说明如下:

1）起飞和地面噪声

起飞会产生复杂而严重的动态环境。当火箭发动机启动时,在短时间内排气速度有巨大变化,发射台的排气槽和周围空气中的压力迅速增加,对航天器产生不对称的瞬态空气压力脉动,引起航天器的严重噪声环境;起飞时如涉及使用两个以上的助推火箭,它们点火不同步时,会引起航天器的横向震动;如果运载火箭在发射台上的约束不同步释放,则会造成更大的横向载荷,对航天器的结构产生很大影响。

2）最大气动载荷

发射后飞行过程中,当飞行速度接近和超过声速(跨声速期间)时,航天器周围的空气被压缩形成冲击波,航天器外表面气流扰动产生了压力脉冲,造成严重的噪声环境。它还与静态空气压力、稳态风、切变风和阵风,以及稳态加速度和操纵助推器的作用力相互组合产生复杂的载荷环境。阵风和抖振在航天器中引起低频弯曲振动,航天器会像弯曲梁一样产生弯曲振动,这意味着航天器将承受横向的惯性载荷。

3）级间分离

级间分离包括上一级发动机熄火、下一级发动机点火和上一级与下一级之间的分离。在火箭发动机熄火时,燃料的不同级间分离时间段的燃烧可能造成较大的瞬态载荷;另外,在级间分离时运载火箭结构弹性势能的释放可能引起瞬态震动。

4）整流罩分离

运载火箭飞行到足够的高度,大气已经相当稀薄,此时飞行中产生的气动力和气动热已经很小,航天器不再需要用运载火箭的整流罩进行保护,整流罩成了负担。为此,将整流罩与运载火箭分离并抛弃。整流罩一般用火工装置分离,火工装置点火的冲击对航天器的结构也提出了一定的承载要求。

5）运载火箭和航天器分离

当运载火箭和航天器组合体飞行进入预定轨道,首先要释放航天器与运载火箭之间的连接机构,然后采用弹簧、火工推杆或者小火箭等来使火箭和航天器分离。由于释放装置一般采用火工装置,对于释放装置附近的航天器结构件应该考虑冲击的影响。

6）稳态加速飞行

除了以上一些动态飞行事件外,发射中的大部分时间,航天器运载火箭和航天器组合体在运载火箭发动机推力作用下,稳定地做加速飞行。飞行中,运载火箭发动机推力是基本不变的,但因运载火箭燃料的不断消耗,航天器组合体的质量逐渐减少,航天器组合体的加速度会逐渐增大。因此,各级运载火箭的最大稳态加速度发生在各级运载火箭发动机正常燃烧的末期。通常,整个运载火箭的最大稳态加速度发生在一级和二级运载火箭飞行的末期。

7）非正常发射条件

为保证人身安全,在装备载人飞船的运载火箭顶部设有逃逸塔装置,万一发射失败,逃逸火箭点火,带着飞船离开发射现场,逃逸火箭点火时对载人飞船作用的载荷很大,甚至可能超出正常发射时的载荷。因此,载人飞船结构应考虑非正常发射条件的载荷。

3. 空间轨道环境

航天器的空间轨道环境分为在轨工作环境和在轨空间环境两种。在轨工作环境由航天器执行飞行任务引起。例如:航天器的自旋、变轨和姿控,太阳翼和天线的展开和运动,舱段的分离解锁、对接等。这些任务会对航天器结构产生载荷,产生的大多数载荷对其影响不大,但有些载荷可能对航天器结构影响较大。例如:太阳翼展开、舱段的分离解锁等,必须考虑航天器的动态特性,避免航天器在轨构型的基频与姿态控制回路的频率发射耦合,引起航天器姿态失控。

在轨空间环境随空间轨道高度变化而有所变化。近地空间环境包括:真空、热辐射,带电粒子(电子、质子、离子)辐射,紫外辐射,中性原子和分子颗粒,微流星和空间碎片,磁场、重力场。这些环境条件大多数对航天器结构有影响,特别是对所使用的材料有较大影响,以下重点介绍各种空间环境条件。

1) 真空

空间轨道环境的真空度可以达到 $10^{-2} \sim 10^{-11}$ Pa,真空对航天器结构可能产生许多方面的影响。航天器结构材料长期处于真空环境下,会出现真空放气、真空升华、真空冷焊和真空放电等现象。真空冷焊导致活动部件的金属表面摩擦力增大,直至焊在一起而不能活动。有机材料的不断挥发,会造成由于质量损失带来的性能变化,如气密性材料的挥发,导致密封性能降低甚至被破坏。而且挥发物可形成分子污染环境,对其他部件,如光学镜面造成危害。

(1) 材料的蒸发、升华和分解效应。他们造成材料的质量损失、改变和降低材料的原有性能,特别是对聚合物的性能产生影响。另外,可能导致材料表面变得粗糙,表面氧化层和保护层脱落等。

(2) 真空出气效应。因为原先吸附在材料表面或者溶解在材料内部的气体在真空状态下被释放和脱离,造成出气效应。材料出气产生的可凝聚挥发物可能凝结在某些设备和关键表面上而造成污染。所以,材料应按要求进行真空出气测试,以确定材料的真空出气特性。一般材料的真空出气指标要求:总质量损失(TML) < 1.00%,可凝聚挥发物(CVCM) < 0.10%;而光学等敏感元件用材料及其周围用材料真空出气指标:总质量损失(TML) < 0.10%,可凝聚挥发物(CVCM) < 0.01%。

(3) 干摩擦和冷焊效应。固体表面原有的吸附气膜、氧化膜等在真空中部分或者全部消失,可能产生干摩擦和冷焊现象,增加磨损,降低其寿命,甚至使机构活动失效。对于所有与其他固体材料表面接触并发生相对运动的固体材料表面,应该确保寿命期内表面性能变化满足使用要求。应对用于高真空环境下的活动组件材料进行真空冷焊风险识别,必要时应采取相应的防护措施以避免真空冷焊现象的发生。

(4) 液体润滑材料在真空中挥发。如采用润滑油或润滑脂的结构,则需要采取措施(如密封)来防止润滑剂的挥发。

2) 温度交变

空间轨道上,宇宙空间背景的辐射能量极小,相当于4K低温的黑体辐射。航天器的温度取决于内部有源发热部件辐射产生的热量、从航天器向深空辐射的热量,以及航天器从外热源吸收的热量的综合结果。外热源:太阳辐射、反照(从行星反射的太阳辐射)、行星辐射等。另外,上述热源对航天器结构还会产生不均匀的加热,并且航天器在太阳的辐照区和地球的阴影区之间交替运行,航天器结构尤其是外表面暴露的结构将产生长期温度交变的温度场(可达±100℃),这些不均匀和交变的温度环境将影响材料的性能。组成结构的不同材料其线膨胀系数的不同,使结构产生畸变。这种不均匀加热和畸变有可能产生各种不良的后果:造成结构或机电产品破坏或降低结构或机电产品寿命(疲劳损伤);引起关键的敏感器和天线的指向精度变化;造成机构部件的卡死等。为保证航天器的温度在允许范围内正常工作,需采用被动热控(如选择适当的材料和涂层、采用隔热层等)或主动热控措施。应考虑材料的相变温度、玻璃化转变温度、热分解温度等关键温度指标,确保所选用材料的性能与环境温度兼容。应选用能够经受热循环、热冲击的材料,确保材料经历温度循环和热冲击后的性能仍满足要求。

3)带电粒子辐射

近地轨道中带电粒子辐射主要有粒子捕获辐射、银河宇宙辐射、太阳辐射。带电粒子的能量比中性粒子要大得多,它能够穿透航天器结构并沉积在电子部件中,降低相关电子设备的寿命或引起损坏。粒子辐射对硅太阳电池、热控涂层、复合材料、黏结剂等的性能有明显影响;可以使硅太阳电池损伤、效率下降甚至完全失效;使热控涂层吸收率增大;使黏结剂增加出气率,使光学黏结剂透过率下降;使聚合物硬化和脆化,使橡胶变硬或变软形成黏性物质。粒子辐射还会使玻璃形成色心,造成某些波长范围内透过率损失。

4)紫外辐射

在空间环境中,紫外辐射对金属、瓷器、玻璃材料和高聚物等都会产生影响,其中对高分子聚合物的影响特别大。紫外线照射可发生材料分子量的降低、分解、裂析、变色、弹性和抗张力的降低以及力学性能减弱等。航天器外表面所用材料应进行抗辐射性能评价,确保材料性能在寿命期内满足使用要求。对于所有直接暴露于空间的宇航型号产品用材料,应该证明其整个任务期间由辐射引起的性能退化符合规定。

5)原子氧

180～650km高层大气的主要成分是原子氧。原子氧是一种强氧化剂,它对航天器裸露表面的危害比空间其他环境因素的影响要大。对于运行在此轨道范围内的航天器,虽然在此高度范围内原子氧的空间密度并不大,但由于航天器以8 km/s的速度飞行,其迎风面的原子氧通量大、能量高,它和航天器表面材料碰撞,向材料表面输送附加能量,足以引起高分子材料断链并形成低分子物质。此外,原子氧对航天器表面撞击产生辉光放电,造成材料表面龟裂和局部燃烧及熔化,这些现象会造成航天器表面材料的剥蚀。应进行抗原子氧性能评价,确保材料性能在寿命期内满足要求。航天器外表面用材料应选择电阻率低和二次电子发射系数高的材料,通过充放电防护设计避免因航天器表面充放电而引起的击穿现象发生。

6) 微流星和空间碎片

地球附近存在大量的空间碎片:流星体、人造碎片和故意(敌意)的投射物等。高速运动的空间碎片和航天器发生碰撞时,就有可能对航天器造成损伤,经常出现的有表面材料的"沙腐"、剥落甚至穿透。为此,在航天器设计和选材时,必须综合考虑以上各种环境因素对材料性能的影响。根据部件所处的位置、运行的条件等因素,选用可靠、适用的材料,以满足航天器任务的需求。

在空间轨道上,对于载人航天器密封舱结构,还会涉及细菌和霉菌、阻燃性、释气、毒性和气味等环境。用于载人航天器密封舱的结构材料均应不产生对人体的危害;用于航天器载人舱内的材料均应进行释气、毒性和气味等级评价;用于航天器载人舱内的材料均应进行抗细菌和抗霉菌性能评价,按材料抗菌防霉性能等级进行分级使用及防控,灭菌或消毒处理不应影响材料的性能;应根据材料的使用部位(例如:载人航天器、贮存装置、有效载荷或试验设备)按照最严酷的预期使用环境进行阻燃性评价。

4. 再入(进入)环境

再入(进入)环境一般指返回式(进入式)航天器(返回式卫星、飞船返回舱、进入舱、探测器等)进入大气层后遇到的环境,它主要存在以下环境条件。

1) 再入气动加载荷和气动加热

航天器返回舱(进入舱)上装有变轨发动机,它能使返回舱(进入舱)脱离原来的运行轨道转到再入轨道。由于变轨发动机推力不大,因此通常返回舱(进入舱)不会承受较大的载荷。然后,返回舱(进入舱)以极高的速度从真空的轨道环境进入稠密的大气层,由于它对前方空气的压缩以及与周围空气的激烈摩擦,返回舱/进入舱表面各处将会感受到高速气流产生的气动加载和气动加热。作用在返回舱/进入舱表面的气动作用力可以分解为垂直于表面的法向分量和与表面相切的切向分量。法向分量称为气动压力,切向分量称为气动剪力。返回舱(进入舱)结构以及表面材料必须能经受住这些气动载荷的作用。航天器返回舱(进入舱)再入热环境的主要特点:高比焓、低热流密度和较长的加热时间。为此,航天器返回舱(进入舱)的防热结构要能适应低热流密度和长时间加热的环境条件,要求材料有较小的导热系数和较低的材料密度。航天器返回舱/进入舱表面通常存在一些突起物、空腔和缝隙等,高速度再入时,这类局部结构的干扰会产生复杂的局部气动流场,使局部结构周围的热流密度比不受干扰式的热流密度大得多。

2) 着陆冲击

返回(进入)阶段的最终目的是返回舱(进入舱)安全着陆。对于升力式再入航天器(如航天飞机)在再入大气层后,可利用巨大的升力做滑翔飞行,逐渐下降减速,最后像普通飞机一样在预定机场的跑道上着陆。此时,再入航天器所处的力学环境条件类似于飞机着陆环境。而对于弹道式或者弹道-升力式的再入(进入)航天器,在再入(进入)过程中气动阻力使其急剧减速,进入稠密大气层后,返回舱(进入舱)的下降速度将逐渐趋于稳定。此时,如果不进一步采取减速措施,返回舱(进入舱)将会以每秒一百多米的高速冲向地面坠毁。返回舱(进入舱)必须有一套着陆减速装置来实现安全着陆,如降落伞系统、着陆缓冲火箭和舱内缓冲装置。在此过程中,返回舱(进入舱)结构将会受到各类弹射、开伞用的火工装置的冲击环境和着陆撞击环境的载荷。

2.4.2　航天器结构的载荷

这里的"载荷"是一个广义概念,不仅指力、力矩、压力、应变、位移以及加速度(可以造成惯性力)等,甚至可以指热和温度(可能引起热应力)。在运载火箭和航天器结构上作用的载荷,根据其力学特性可以分成静载荷和动载荷。静载荷是指随时间变化而不变的载荷或者作用时间或变化时间比结构的固有弹性振荡周期长得多的载荷,有时也称为稳态载荷。动载荷也称动态载荷,是指随时间变化而变化较快的载荷。动态载荷性质比较复杂,一般分为周期振动载荷、瞬态振动载荷、冲击载荷、随机振动载荷四类;根据载荷的不同来源可以将运载火箭和航天器结构所承受的载荷分为内在载荷和外部载荷两类。内在载荷是指航天器结构内部固有的载荷,例如,密封舱结构承受的内压载荷、连接结构中的预紧载荷、复合材料构件的固化残余应力等。这些载荷往往是为了满足设计要求而故意施加的,或者是由于材料工艺特点而必然存在的,它们一般与航天器的外界环境条件无关,并且主要形式为静载荷。外部载荷是指由航天器的各种环境引起的载荷(前节介绍的各种环境)。由于环境的多样性和复杂性,所引起的外部载荷类型也很复杂。前节介绍的各种环境都可能是运载火箭和航天器结构的载荷来源,或称为载荷源。这些载荷源可以按所引起的结构载荷性质分为稳态载荷源和动态载荷源。

2.5　航天器结构的研制

航天器的研制过程一般经过可行性论证阶段、方案阶段、初样阶段、正样阶段四个研制阶段。在各个研制阶段要完成不同的研制任务。航天器结构分系统作为航天器的主要分系统之一,全程参与所有研制阶段,完成相应的研制任务。

航天器结构的研制过程一般分为设计(包括分析)、制造和试验三个阶段。设计阶段,设计人员把航天器系统对结构的要求转化为可实施的图纸和文件;制造阶段,生产人员会同工艺人员、设计人员把图纸和隐性的设计意图转化为实际的产品;试验阶段,试验人员会同工艺人员、设计人员对产品进行地面模拟飞行条件的设计验证。其中,设计(包括分析)是航天器研制过程的重点工作。分析是为设计提供定量的依据,同时又对设计的结果进行验证。在航天器结构研制过程中,设计和分析是两个密切相关的工作,往往要经过从分析到设计,再从分析到设计的多次迭代,才能得到最终满意的设计结果。

1) 可行性论证阶段

可行性论证阶段是开始正式研制过程的前期工作。对于比较成熟的航天器,特别是对于比较成熟的航天器结构,可以简化或者取消这个阶段的工作。在可行性论证阶段中可以进行以下工作:

(1) 综合分析。首先对准备进行研制的航天器分析其任务需求,了解其对结构的要求,并针对现有技术储备、资源条件、研制周期和成本等因素进行综合分析。

(2) 方案设想。在综合分析的基础上得到各种结构方案的设想,分析可行性,提出建议供航天器系统设计选择;并在与航天器系统设计协调的基础上,不断地讨论和修正方案建议,通过反复迭代,最终达到在航天器系统方案中可行的程度。

(3) 提出关键技术项目攻关。可在针对可行性方案建议中的技术难点提出关键技术研究项目,并组织实施。

2) 方案阶段

方案阶段是航天器结构重视研制工作的开始阶段。在该阶段,要提出和确定完成的结构方案。

(1) 方案设计。由于航天器系统方案,特别是系统的构型方案对结构方案影响较大,是制定结构设计要求的重要依据,而且许多系统指标需要通过结构的指标实现,因此,方案设计人员提前参与到航天器的系统设计中是进行结构方案设计的较好方式。方案设计的目的是确认和修正航天器任务对结构的要求,并依据任务要求和实际条件提出和筛选各个方案,最终确定较理想的航天器方案。方案设计不要求细节设计,但要求进行系统性设计、资源分配和分析,并确认方案可以满足设计要求。在方案设计阶段,特别是在结构方案设计阶段,应该引入必要的可靠性分析手段,考虑必要的可靠性措施,以保证结构设计方案的合理可行。

由于方案设计是整个航天器结构研制过程的基础,方案的好坏将直接影响航天器结构的性能和质量,因此方案设计是航天器结构研制最重要的环节。

(2) 初步设计和分析。初步设计和分析可以使方案设计得到进一步深化。在比较和筛选开始形成的几个原理性结构设计方案时,往往由于没有足够的信息,只能依靠简单的评价来进行初步选择。为了进一步评估初选后保留的各个结构设计方案,需要进行初步设计和分析,使各个结构设计方案具体化,以便进行定量分析。根据各个结构设计方案给出的定量分析结果,可以进行更可靠和确切的方案比较,准确地确定最终的结构设计方案。

(3) 关键技术研究。在结构方案设计过程中,可能要采用以前没有应用的新技术、新材料、新工艺等,或者存在关系整个方案成败的关键技术难点。在结构方案最终确定前,要明确回答这些问题,必要时,可以专门立项进行研究。在研究项目中,通过对关键部件的原理样机研制,包括设计、分析、试制或者试验等工作,确认这些关键技术应用的适应性和技术风险控制措施的有效性,获得关键技术难点的解决方法。

(4) 方案验证。结构设计方案确定后,必须对结构设计方案进行验证,证实结构设计方案的合理性,确保关键技术验证充分。由于一般不可能提供结构实物,对结构设计方案的验证一般采用分析、类比等方法进行。对构型和布局要求的验证可以结合系统方案的验证,采用数字仿真等方式进行。

(5) 方案评审。结构设计方案评审是方案阶段的关键节点。结构设计方案评审的重点是审查结构设计方案的合理性和可行性,审查结构设计方案存在颠覆性的技术问题,对关键技术研究的结果进行评价以及确认验证方案的结果。结构设计方案评审以及评审规定的行动项目的完成是下一步初样结构产品设计、采购材料及外购件的基础。

3) 初样阶段

初样阶段的重点工作是通过对初样结构产品的设计、制造和试验,对航天器结构设计进行全面鉴定,包括:结构设计对结构设计要求的符合性程度,结构设计所采用的分析方法和分析结果的正确性,结构设计所采用的材料和工艺的合理性和可行性,结构设计所需地面试验的合理性和可行性,结构设计的可靠性和产保措施等。鉴定也包括对结构产品所需的地面保证设备设计的鉴定,以及对结构产品所需的外购、外协零件的鉴定和验收。

航天器结构的研制进入初样阶段即进入了工程实施阶段。也就是通过对航天器结构实物产品的生产和试验来验证结构设计。通过验证发现和解决技术性能、材料工艺和可靠性等方面的问题,协调各种接口关系,进一步完善结构设计,为正样结构的研制提供全面、准确的依据和准则。

(1) 初样设计。方案设计结束后,结构分系统的主要功能和技术指标已经实现,然而,一部分结构部件设计可以使用草图表示。显然,这时还不能加工制造,需要补充大量的设计细节才能形成设计工程图纸等,用于制造产品。虽然通过关键技术攻关,一些关键部件已有可供加工的技术图样,但与工程实施尚有差距。因此,初样设计的主要任务是给出结构设计方案所必需的全部信息,结构设计工作包括:确定零部件的各种形状、几何尺寸和材料,加工所要求的公差等,制定相应的装配、运输、操作、贮存等技术规范以及相应的验证产品保证计划。

(2) 初样分析。在初样分析中应使用如结构分析、可靠性设计、优化设计等手段和方法进行仿真分析、3D组装,以验证结构设计的有效性。当发现结构设计方案的不足之处时,还要对方案进行必要的修改和补充。初样分析和初样设计是一个反复迭代的过程。

(3) 设计评审。设计评审的目的是确定航天器结构初样设计的正确性和可行性,并且明确下一阶段初样制造和试验的要求和计划流程。只有通过了设计评审,才可以进行航天器结构初样零部件制造。

(4) 初样产品制造。初样产品制造包括零部件制造、零部件验收、初样产品装配和初样产品验收。虽然初样阶段的工作目的主要是完成设计和验证结构设计,但是在零部件的生产过程中,也应对材料、工艺及其产品保证进行验证。因此,必须尽可能地按照飞行产品要求进行严格的验收,以保证设计鉴定的准确性,同时为正样产品制造打下良好的基础。

(5) 制定验收规范。应根据工程图纸、技术条件以及有关规范、标准编制零部件和装配后产品的验收规范,形成"验收大纲"或"验收细则"等文件,确保通过验收可以有效地对零部件和产品状态进行控制,确保零部件和装配产品能够满足设计要求。验收规范应适用初样产品和正样产品。

(6) 制定试验规范。应根据实验要求以及有关规范或标准确定需要进行的试验项目,编制相应的试验规范,形成"试验大纲"或"试验实施细则"等文件,保证需要试验验证的项目得到合理验证,所得到的实验数据充分和准确且足以给出明确的实验验证结论。

(7) 鉴定试验。鉴定试验是设计验证最有效的手段。对于首飞型号和新研复杂关键单机等技术继承性差的航天器结构产品,鉴定试验往往是设计验证最主要的手段。在初样产品装配前,应完成鉴定试验方案的设计,制定试验规范,并进行试验准备。初样阶段应进行的结构鉴定试验有:静力试验、正弦振动试验、随机振动试验、噪声试验、热真空试验等。

把结构设计分析结果与鉴定试验数据进行对照,以及采用与试验相关的数学模型进行进一步的分析,可以修正设计理念、积累设计经验,并解决结构设计方案中的一些遗留问题。

(8) 初样阶段评审。初样阶段评审作为初样阶段结束的标志,对航天器结构的技术状态进行最终确认。在初样阶段评审中,应对全部设计过程以及结构方案评审后的实际变化给出一个完整和全面的陈述,并借助各种图表、分析计算、测量和试验数据来证实最终的设计已满足技术功能、接口关系、制造工艺以及其他有关的规范。

4）正样阶段

正样阶段的重点是通过对正样结构产品的设计、制造和试验,全面验收航天器结构飞行产品,包括:针对结构初样研制中发现的问题,对结构设计和制造工艺进行改进;通过生产过程中的验收和产品保证措施,确保结构飞行产品的质量;通过验收试验确认结构产品满足飞行要求。对正样阶段相应的工作项目解释如下:

（1）正样设计和正样分析。航天器结构设计和分析工作在初样阶段已经基本完成,在正样阶段仅仅是根据初样设计评审确定的最终技术状态,修改和完善正样产品的设计图纸和技术条件,形成一套经过验证的、完整有效的设计图纸和技术文件。同时依据这些图纸和文件来准确地制造、试验、使用正样产品。可以将经过初样验证或修正的分析计算模型进行更新,使其与飞行产品的状态相一致,并给出最终的分析结果,以验证或修正正样结构设计。

（2）正样产品制造。正样产品制造包括:零部件制造、零部件验收、正样产品装配和验收等整个正样产品的生产过程。按照工艺规程生产出的零部件经过检验合格,确认符合技术要求后进行装配和最终检验。关键产品按照确定的关键工艺规程和规定的过程检验点进行质量控制,检验是正样产品验收最重要的手段。由于航天器结构产品与整个航天器密切相关,因此航天器整体结构装配完成后,还需要参与航天器整星装配工作。

（3）验收试验。航天器结构产品的验收试验一般不单独进行,而是参与航天器整星验收试验。由于是对飞行产品进行试验,因此应尽量减少试验项目,降低试验量级。

（4）出厂评审。在完成所有的验收试验和相关的测试后,应对正样设计、工艺过程、检验和验收试验的数据和结果进行全面总结和评估。出厂评审时对评估的结论进行审核,包括:验收试验验证的符合程度,整个研制过程中遇到的所有问题的解决方案和方法,从初样阶段评审以来对设计的更改和追踪,对设计技术风险的工程评价以及发射工作的准备。

2.6 航天器结构设计

因为前面提到结构设计（包括分析）工作是航天器研制过程的重点工作,所以有必要利用一定的篇幅专门阐述航天器结构设计的基本原理和方法,使读者对航天器结构设计有一定的了解。这里只是简单介绍航天器结构设计的特点和原则、航天器结构设计的技术要求、方案设计、详细设计等内容。

2.6.1 结构设计特点

与飞机、舰艇相比,航天器的结构相对简单一些,但是,由于航天器要经历发射、空间飞行、返回地面三个特殊的工作环境,其经历的环境与飞机、舰艇经历的环境有很大的差别。因此,在特殊环境下,航天器的结构设计除了具有一般机械设计的特征外,还应具有以下特点:

1) 刚度设计

大多数航天器结构承受的主要载荷是发射时运载火箭产生的载荷,主要是动态载荷。为此,需要航天器结构的固有频率大于规定的值或者在某个频率范围之外,达到最大限度地减少动态耦合效应的目的,从而降低航天器结构承受的动载荷和动应力,确保航天器结构的强度能够支撑载荷功能的实现,最终完成航天任务。由于结构的固有频率与结构的刚度直接相关,因此,大多数航天器设计应该以结构刚度为主要设计目标。因为大多数航天器结构为薄壁结构,发射时的加速度造成的稳态载荷对结构呈现压缩状态,所以,存在结构失稳的问题。提高结构稳定性的有效途径是提高结构的刚度,虽然突出刚度设计适用于大多数航天器结构的设计,但是,对于较大尺寸的航天器,特别是空间站、载人飞船和返回式卫星等密封舱结构,由于大多数情况存在内压载荷作用和结构的总体刚度较大,因此结构设计还是应该首先考虑结构强度问题。

2) 强度设计

对特殊的运载火箭来说,由于其作用主要是运输空间飞行器至所需的轨道或空间后就完成其使命。因此,它在结构设计时往往以强度作为设计的首要考虑要素,材料或结构的强度应能够满足运载火箭经历不同环境和载荷的承载要求而不发生破坏。在强度满足使用条件时,大多数情况下运载的整体刚度可能较弱,结构的固有频率较低,但是随着星箭耦合的加强,运载结构设计时也逐渐考虑其所搭载的空间飞行器等载荷的星箭耦合区间,在某些特殊的载荷区间或结构位置进行特定的设计,以提升结构的整体刚度,更好地配合搭载载荷的频率要求。

3) 减少重量

航天器依靠运载火箭发射送入太空,航天器重量与发射条件和发射成本密切相关。结构重量本身占整个航天器的比例较大,减少航天器结构重量可以增加航天器的有限载荷,从而保障更多地完成航天任务甚至扩充航天任务。由此可知,航天器系统对航天器结构重量要求非常苛刻,尽量减少结构重量是航天器结构设计的重要特点。

4) 适用空间和(或)再入轨道环境

航天器在太空飞行,空间环境是所有航天器必须经历的特殊环境。主要有高真空、高低温交变、电子辐照、紫外辐照、微重力、空间碎片、低轨原子氧等特殊环境。对于需要返回地面的航天器,还需要经历再入大气层的特殊环境,主要有气动加载、气动加热和着陆冲击等特殊环境。充分考虑这些特殊环境对航天器结构设计的影响是航天器结构设计的重要特点。

5）满足一次使用或多次重复使用

航天器一般只能或者只需使用一次,即只经历一次发射的载荷过程,而且承受的时间较短,入轨以后,航天器结构基本上不受载荷或者所受载荷很小,因此,对于一次使用的航天器,航天器结构,特别是主要结构的疲劳寿命问题一般不是重点考虑的因素。近年来,可重复使用航天器越来越受到重视,对于多次重复使用的航天器,航天器结构设计要考虑主要结构的疲劳寿命问题和腐蚀防护问题,还要考虑地面贮存问题,甚至要考虑主要结构的可更换问题。

2.6.2 结构设计原则

航天器结构设计的总目标是在满足航天器系统的各项设计技术要求下,尽量减少研制技术风险、降低研制成本、缩短研制周期及提高产品可靠性。为了达到这个目标,在航天器结构设计中至少应该遵循下面五个原则。特别要注意的是,在贯彻这五个原则时,它们之间是相互联系、相互影响,甚至是相互矛盾的。因此,航天器结构设计是通过综合考虑,根据实际情况,找到一个各方满意的平衡点。

1）继承性

继承性就是尽量利用现有的设计基础。成功的结构设计往往是经过研究、试验和应用积累的结果。因此在结构设计中应特别重视已有的设计资源和现有设计人员的经验,包括研制部门的实用技术或特殊技术。尽量采用经过飞行验证的结构设计是降低结构研制技术风险、降低结构研制生产成本、缩短结构研制周期的有效途径。为了达到继承性的目的,在结构设计中应该大力贯彻"三化"的设计思想,即尽量做到结构设计产品的通用化、系列化、组合化。充分发挥现有成熟技术的成果。另外,结构设计和分析工作过程也应贯彻"三化"的设计思想,以简化和规范结构设计与分析工作。

2）可靠性

可靠性评价及措施就是尽量降低设计技术风险程度。由于航天器飞行任务的重要性和飞行环境的特殊性,降低飞行技术风险的意义十分重要。因此,在结构设计中要强调风险意识,应仔细分析可能发生的故障模式及其影响;在结构设计过程中同步开展故障容限设计及故障预案设计;准确识别结构分系统单点故障模式和单点环节并采取有效控制措施,确保结构产品固有质量与可靠性;保证在发生结构设计变量偏差时,对结构的性能影响最小,即尽量降低结构设计对环境和载荷响应的灵敏度,提高结构设计的健壮性。

3）可生产性

可生产性就是能够在合理的研制经费和进度条件下制造出所设计的产品。

这是一个非常重要的设计原则,否则,再好的设计也是"纸上谈兵"。为此,必须充分考虑结构设计的可生产性,包括合理的材料、工艺和制造公差,地面操作的方便性和对结构性能的影响,现有制造和检验设备的适用性,制造工艺对结构设计的反要求等。

4) 经济性

经济性就是在满足设计要求的前提下尽量降低成本。过去,在强调完成任务、保证进度条件和确保质量的前提下,往往忽视成本。实际上,今天航天器也是一种工业品,也要投入市场,尤其是对于不断发展的商业航天,经济性是结构设计要遵循的首要原则。结构设计必须考虑不断降低研制成本。可以采用各种措施降低成本,例如:在结构设计中尽量采用成熟、价格低的材料,采用成熟的制造和工艺技术,避免采用大型或者非标准的工艺装备,减少不必要的地面试验等。

5) 先进性

先进性就是尽量提高和扩大设计产品的性能和功能。由于探索宇宙空间需要不断挑战极限,因此科研人员需要持续探索高科技产品。保持设计上的先进性是航天器创新发展的动力,也是保持航天器具有国际竞争力的有力保证。

2.6.3 结构的方案设计

航天器结构方案设计,将对航天器结构研制,甚至整个航天器的研制产生深远的影响,它将直接影响以后详细设计阶段是否会出现技术上的颠覆性问题,是否能满足经费和计划进度的要求。因此,方案设计是航天器结构过程中最关键的阶段,需要认真对待。航天器结构方案设计一般是指航天器的整体结构或者主要或关键的部件和附件的设计,而并不是所有航天器结构均需进行方案设计。

1) 构型设计

航天器构型设计是航天器总体设计的重要内容之一。航天器的构型设计需要根据航天器系统方案,充分考虑各分系统的质量特性、尺寸、功耗、视场、接卸接口、承载、热控、电磁兼容性、装配和操纵等多方面的要求。航天器构型设计包括确定航天器外形、确定主结构尺寸、确定主结构形式等内容。航天器构型设计与航天器结构设计关系非常密切,可以说,航天器构型设计是航天器结构设计的基础。航天器构型基本决定了航天器结构轮廓尺寸、主结构类型等。实际上,一旦航天器构型确定了,结构系统的基本组成也初步确定。航天器结构设计的许多具体要求和设计参数需要通过航天器构型设计导出,如各结构件的形状、位置、尺寸和接口关系;只有在航天器构型确定后,才能正式开始进行航天器结构设计。航天器结构设计人员应尽早参与航天器构型设计,一方面可以充分了解总体设计的意图和对结构设计的要求；另一方面可以争取获得对航天器结构设计更有利的合理结构构型。在确定航天器构型时应该考虑结构的布局和安装设计，从而排除不合理的航天器结构设计候选方案，保留较好的设计方案。在航天器构型设计中，为了使航天器结构更加合理，传力路线是一个必须考虑的重要问题。其中最主要的原则是力流连续性原理和直接的、最短路径传力原理。需要根据各结构部件的布局，在各个被支承部件和运载火箭之间提供合理的载荷传递路线，从而采用较少的结构材料和质量获得较高的结构刚性和强度，提高结构效率。

2) 结构设计要求

汇总和明确设计要求的过程就是结构设计工作的开始。通过明确设计要求，才能真正了解航天器系统对结构功能的期待。对设计要求深入理解，可以为以后设计出理想的航天器结构打下基础。结构设计要求的确定包括主结构设计要求确定和附件结构设计要求确定。

3) 结构形式、材料和连接方式的选择

在航天器结构方案设计中，确定了航天器构型后，还需要确定主要结构部件的结构形式、材料和连接方式。结构形式、材料和连接方式通常有几种方案选择。应从设计技术要求、结构的性能和功能、制造工艺、研制成本和进度等方面进行综合分析后最后确定，结构形式、材料和连接方式这三者之间通常是互相关联的，需要统一考虑。

(1) 结构形式的选择。结构形式是指组成结构的具体方式，例如，杆系结构可根据功能要求采用桁架或刚性结构形式与不同的杆件进行配置；壳体结构可采用光壳、波纹壳、加筋壳、夹层等。结构形式的选择包括主结构形式选择和次结构形式选择。

(2) 结构材料的选择。实际上在选择结构部件形式的时候，已经同时考虑了结构材料的选择，这是因为许多结构形式是与结构材料相关联的，具体内容请参考本书第3章。

(3) 结构连接方式的选择。实际上，在选择结构形式和结构材料的时候，已经考虑了结构零件的连接方式。结构件的连接方式主要有机械紧固(螺接或铆接)、焊接和胶接三种形式，三种连接方式各有优缺点，需要根据总体设计要求，结合环境条件和载荷情况进行比较，最后选择确定最优的连接方式。有些结构形式可以确定一种最好的连接方式，其他情况下，航天器结构往往会对不同的结构件采用不同的连接方式。

4) 结构的初步设计和分析

在确定了结构形式、材料和连接方式后，往往要对结构进行初步设计和分析，以确定结构的布局、形状和尺寸，便于更准确地进行结构方案设计比较。例如,确定一个蒙皮-桁条结构需要多少根横条和环形框。在初步设计时,设计要求一般还不非常明确,设计和分析的条件还不完全。因此科研人员首先应充分了解和收集初步设计和分析所需的要求、指标和约束条件;在设计和分析中所作的假设应该尽量合理可行,并且在设计中留有足够的余量;采用物理意义清楚、简单明了的分析方法,以便进行参数比较。

5) 结构设计方案的比较确定

最开始的设计方案往往较多,由于开始的设计方案是原理性的,或仅是定性的模型,设计方案的信息不全,因此初选时只能对各个方案进行简单的评比和比较。对初选保留下来的设计方案确定具体的结构参数,以便对设计方案进行定量的分析,以此为结构设计方案需要确定设计方案的结构特性参数、确定技术要求和约束条件,确定方案的比较项目,通过多方面协商或正式评审,最终确定设计方案。

2.6.4 结构的详细设计

航天器结构详细设计是指在初样阶段和正样阶段中进行的结构设计工作。一般来说,详细设计工作在初样设计阶段应该基本完成,在正样阶段设计仅对初样设计进行局部的修改、补充和完善。航天器结构方案设计主要提供原则性和概念性的技术信息,或者仅提供不太确切的技术数据,距离制造实际产品的要求还有很大差距,需要进行详细设计工作(包括分析工作)才能达到要求。详细设计是以选定的最终设计方案为基础,补充航天器结构产品所需的全部信息,以及提供相应的技术文件。详细设计工作量大,涉及的工作面广,是完成航天器结构设计的主要阶段,也是提供航天器结构设计成果的主要阶段。

1) 结构设计参数确定

为了达到航天器结构产品的要求,至少应具体确定的结构参数包括:航天器结构的外形尺寸和接口关系、各个结构零部件的设计参数、结构连接的设计参数。

2) 结构设计工程图样的制订

航天器结构详细设计结果是通过工程图纸来表达的。因此,工程图纸是航天器结构设计的主要成果形式,也是制造生产航天器结构产品的依据。航天器结构工程图纸应达到以下要求:

(1) 正确、全面和清晰地表达结构产品零部件的各种设计参数,包括:材料、形状、尺寸等。对于复合材料,还必须规定材料的铺层方式。

(2) 规定与设计有关的一切技术要求或技术条件,如尺寸公差、配合公差和位置公差,加工粗糙度,表面处理或涂层,金属材料热处理,制造的温度、湿度环境条件等。

(3) 规定合理的连接或装配关系,包括零件的连接或装配程序、零件的定位方式和定位精度,以及适当的补偿和装配措施。

(4) 规定产品及其零部件的统一编号,明确无误地表示各零件之间的装配连接关系和隶属关系。

(5) 工程图样的制作必须符合当前最新国际标准或者设计部门的特殊标准,如制图规定、材料代号、公差标准等。

设计和绘制工程图纸可以使用计算机辅助设计工具,尽可能采用三维设计,实现设计、工艺、制造一体化。三维图纸直接下厂进行生产。在保证设计一致性、通用性的基础上提高设计效率。工程图纸经过严格的审批流程。已完成的工程图纸应该由专门的图纸管理部门统一管理,并按照规定发放相关工艺生产部门。

2.6.5 结构的强度设计

航天器结构设计的最基本要求是强度要求,大多数航天器的刚性设计,归根结底主要也是为了满足强度要求。结构强度设计是结构设计的最基本条件,所有结构件均应满足强度要求,也就是说,应该选择合理的结构形式、尺寸和材料,保证结构在所有工作环境下不发生破坏或失效。具体地说,结构强度设计是采用各种计算分析方法或者直接通过试验方法,获得结构部件上的载荷、应力、应变或变形。然后根据相应的强度准则,验证结构的强度是否满足设计规范规定的要求。

1) 结构强度准则

结构强度准则是指结构不发生破坏或失效的原则。结构破坏或失效可以有不同的方式,例如:结构材料的破坏包括断裂、屈服、复合材料分层等;结构失稳包括结构的整体失稳和各种局部失稳,即结构的载荷或应力超过结构临界载荷或临界应力;结构变形超过规定值。由于实际结构一般不是处于简单的单向应力状态,因此不能直接采用材料的破坏强度作为结构的强度,而需要规定一个材料强度准则,即规定发生材料破坏时的应力状态。结构强度准则一般包括金属材料的强度准则和复合材料的强度准则。金属材料强度准则主要有最大拉应力准则(最大拉应力理论)、最大拉应变准则(最大拉应变理论)、最大剪应力准则(最大剪应力理论)、变形能密度准则(变形能密度理论)。

2) 结构强度验证

结构设计的强度验证可以采用两种方式:分析方法和试验方法。在结构强度设计中主要采用分析验证方法,但必要时也可以采用试验验证的方法。结构强度验证主要涉及载荷的确定、安全系数、安全裕度3个方面。

参考文献

[1] 陈烈民. 航天器结构与机构[M]. 北京:中国科学技术出版社,2005.
[2] SARAFIN T P. Spacecraft structure and mechanism from concept to launch [M]. California: Microcosm,1995.
[3] 王希季. 航天器进入和返回技术(上、下)[M]. 北京:中国宇航出版社,1991.
[4] 陈烈民. 复合材料的材料设计[J]. 宇航材料工艺,1985,(1):11-16.
[5] 江爱川. 结构优化设计[M]. 北京:清华大学出版社,1986.
[6] 褚桂柏. 空间飞行器设计[M]. 北京:航空工业出版社,1996.
[7] 马兴瑞,韩增尧. 卫星与运载火箭力学环境分析方法及试验技术[M]. 北京:科学出版社,2014.
[8] 袁家军. 卫星结构设计与分析[M]. 北京:中国宇航出版社,2004.
[9] 雅各布·约布·维科学. 航天器结构[M]. 董瑶海,周徐斌,满孝颖,等译. 北京:国防工业出版社,2017.
[10] 钱学森. 星际航行概论[M]. 北京:中国宇航出版社,2008.
[11] 叶友达. 近空间高速飞行器气动特性研究与布局设计优化[J]. 力学进展,2009,39(6):683-694.

第3章 航天器结构材料应用

材料作为21世纪工业发展的三大支柱之一,与国民经济、人民生活水平等息息相关,同时也是促进工业技术水平提高的基础。航天器结构的物质基础即为材料,而材料的发展不仅是结构功能实现和保证的前提,同时也是推动结构技术水平提升的主要动力之一。

对于航天器结构来说,涉及的材料可分为两类:一类用于提供刚度和强度,称为结构材料,如飞船壁板、运载贮箱、立梁等所用的材料;另一类主要提供某种特定功能,称为功能材料,如密封件、润滑剂等所用的材料。本书中所描述的材料均指具备一定力学支撑作用的结构材料。

如第2章所述,结构的基本特点是具有某种使役功能,而材料从原始的冶金到块体的制备,在制备成构件或零件之前是不存在明显使役功能的,必须通过一定的设计和优化赋予它,从而形成具有特定用途的结构。因此,对于材料的使用或选用来说,首先考虑的应是结构的使役功能,由结构的使役功能分解得出对材料的性能指标、轻量化、稳定性等需求,引导材料的发展和研究。对于航天器结构来说,基于结构的具体使役工况,必然存在一定的选材原则,并在选材的前提下,对材料的种类、性能指标、轻量化、稳定性提出了相应的工程要求。

3.1 结构选材原则

航天器结构的选材原则根据选材的目的、方式、途径等不同也大相径庭,分类也多种多样。本节概要地将其分为一般选材原则、面向功能实现的选材原则、面向环境适应的选材原则。

3.1.1 一般选材原则

在2.4节中已经说明了航天器结构的各种特点,可以根据这些特点,结合具体的结构设计要求,选择合适的航天器结构材料,概括归纳结构材料的一般选材原则:

1) 低密度(轻质化)

对于航天领域所用的材料来说,在满足承载和维形的前提下,材料的密度越小越好,这是航天器结构设计的一个基本要求。

2) 高刚度

某些航天器(商业卫星)的结构设计是以刚度为设计首要约束,以强度为校核条件。因此,选用具有较高刚度(弹性模量较大)的材料一般情况下能够增强结构的整体刚度,提升整星(整器)的结构基频,降低结构的局部响应。但是,高刚度材料的选用还应结合材料的低密度,应综合考虑材料的性能指数等。

3) 高强度

某些航天器(运载火箭)的结构设计是以强度为设计首要约束,在保证结构承载、传力和维形的功能前提下,选用高强度的材料能够一定程度降低结构的重量。因此,在结构选材时一般倾向于选择强度较高的材料作为结构材料。

4) 热物理性能

在某些特殊应用和使役工况下,对于具有热稳定性、导热、导电、密封、热防护、透波等不同要求的结构,需要针对性地选择不同的材料,且结构材料还应能够满足力学要求。

5) 制造工艺

在现有的工艺技术水平下,材料应能够被合理、成功地研制,同时还应具备良好的可加工性,满足工艺带来的约束和制备边界约束,如焊接、机械加工、塑性成形、铆接和黏接等工艺的不同要求。

6) 成本因素

在满足上述选材要素和原则基础上,应尽可能地选用低成本的材料,材料的成本主要包含材料制备、机械加工、塑性成形等费用。

3.1.2 面向功能实现的选材原则

对于不同领域的航天器来说,其在轨功能迥异,而不同的功能要求材料具备某些特殊的性能指数。

1) 载人航天领域

载人飞船由于在轨时间长(如图 3-1 所示,空间站组合体持续在轨运行大于 10 年)、载人返回地球等使役工况,要求材料拥有较长的在轨寿命、长时间密封、再入过程中高热流环境的热防护等能力。因此,对于载人航天器结构材料来说,需尽可能地选用一些具有轻质化、长寿命、耐腐蚀、耐内压、耐再入热环境等性能的材料。并且,考虑到航天员的安全性,载人航天器的结构材料一般选择相对成熟或技术成熟度较高的材料。

图 3-1 空间站组合体

2）深空探测领域

由于深空探测领域航天器所经历的诸如长时间飞行、空间极端环境、着陆大冲击（图 3-2）等特殊工况，要求材料具有轻量化、高稳定性、耐空间极端环境、耐着陆缓冲等能力。因此，对于深空探测航天器结构材料来说，需尽可能地选用轻质化、空间环境下性能稳定、拥有抗冲击能力等材料。针对某些特殊的深空探测航天器（如再入返回），还需考虑返回再入过程中长时间材料不硬化、不密封等特点。

图 3-2 经历特殊工况的某月面巡视器

3）卫星领域

为了满足通信、导航、遥感卫星的某些特殊功能，卫星的结构重量占比较低、基频要求较高，需在满足结构承载等力学性能要求的前提下，尽可能地选用刚度较高、极为轻质的材料或材料组合。在此前提下,还需满足通信、导航等绝大部分卫星的长时间在轨后,材料性能稳定、结构高精度、高负载、大柔性和耐空间环境等要求,图3-3为某卫星长时间在轨示意图。

图3-3　某卫星长时间在轨

4) 运载领域

由于运载火箭结构在设计时主要以强度为设计约束,同时要求搭载更多的燃料以增强火箭的运输能力,火箭结构材料在选材时首要关注的是材料的轻质化、高强度(高的比强度)等性能。同时兼顾考虑材料的耐腐蚀性能、结构规格较大所引起的工艺制造性能、壁板等部件的焊接性能,图3-4为不同航天发射系统的运载火箭组成。

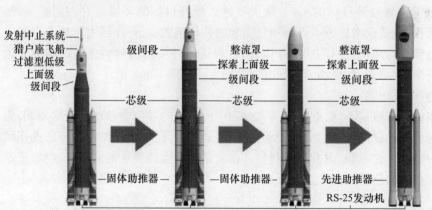

图3-4　不同航天发射系统的运载火箭组成

3.1.3 面向环境适应的选材原则

对于航天器来说,在研制—发射—在轨—返回(进入)等任务剖面内,需要经历不同的力学或热学环境,而不同环境对于结构材料的要求差别显著,在航天器结构选材时应着重考虑不同环境工况下的实际要求。

1) 地面环境

在材料变为结构零部件,最后组装为整器结构的全流程中,每个阶段结构均存在着相应的操作、贮存、运输和地面试验等力学环境。因此,在结构设计时主要考虑选择轻量化、高刚度、高强度、大承载的材料,以满足地面环境中的操作、贮存、吊装运输、地面力学试验等要求。

2) 发射环境

在发射阶段,航天器内部载荷和设备均已安装到位,此阶段航天器结构经历的主要为惯性载荷、高低频振动、噪声及冲击等。因此,在发射阶段,应重点考虑结构的力学性能,尽可能地选择高强度、高刚度、大承载的材料,并在满足发射环境过载前提下,材料力学性能留有一定的裕度。

3) 在轨环境

在轨阶段是航天器实现其功能的主要阶段,航天器在轨驻留或飞行时间约几天到几十年不等,长期经受真空、温度交变、空间辐照、高能粒子等的影响,甚至航天器还需承受多次变轨所带来的局部姿态控制冲击和影响。因此,结构材料在选材时需充分考虑空间在轨环境的影响,尽可能选择相对成熟且高稳定、高精度、高可靠、低空间腐蚀和耐老化的材料。

4) 进入环境

根据探测地外目标的不同,航天器进入地外目标的环境也存在明显差异。一般来说,应依次考虑进入过程中所引起的热环境效应、外压或着陆冲击引起的力学过载等对结构材料的影响。因此,针对进入环境结构材料选材时尽可能选择耐冲击、大承载、耐烧蚀、轻量化的材料。

5) 再入环境

根据再入轨道不同,航天器再入过程中所经历的载荷力学环境不尽相同,但主要包含气动载荷、气动加热、制动减速、着陆冲击等,需要针对性地考虑选用耐烧蚀、高强度、大承载、耐冲击等材料。在满足力学性能要求的前提下,应侧重于再入过程中的热防护安全性和可靠性。

3.2 结构材料分类

我国航天器结构材料经过数十年的发展,已经形成了多种类、多型谱的成熟材料体系,同时也根据后续结构技术、材料制备或加工技术和航天器型号需求等开展了新型材料的研制工作。实际工程应用中,结构材料分类如下。

3.2.1 一般分类

一般情况下,与传统材料分类类似,结构材料主要分为金属材料、复合材料和高分子材料三类。

1. 金属材料

结构用金属材料主要包括有色金属材料、黑色金属材料,有色金属材料主要有铝、镁、铜、钛及其合金材料等,黑色金属材料主要为钢、铁及其合金材料等。如神舟载人飞船的返回舱前端框采用TC4钛合金,天宫实验室密封舱柱段壁板和法兰均采用5A06铝合金推进舱的蒙皮采用5A90铝锂合金等,运载火箭的一、二、三子级主要发动机涡轮转子等采用的材料为GH4169高温合金材料,如图3-5和图3-6所示。

图3-5 部分材料在神舟飞船和天宫实验室结构中的应用

2. 复合材料

航天器结构中主要应用的复合材料分为三类:金属基复合材料、树脂基复合材料、热防护复合材料。金属基复合材料主要有SiC颗粒增强铝基复合材料、SiC晶须增强铝基复合材料、TiB_2增强铝基复合材料。树脂基复合材料主要有以环氧树脂、酚醛树脂、双马来酰亚胺等为基体,玻璃纤维、碳纤维、有机纤维等为主要增强相的复合材料。碳/碳复合材料主要用于运载的端头帽、前缘结构等局部热环境严酷的位置。例如,卫星承力柱(图3-7)、支撑座等采用SiC颗粒增强铝基复合材料,通信、导航及一部分的遥感卫星仪器板采用碳纤维/环氧复合材料,如图3-8所示。

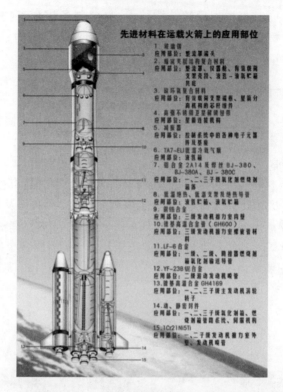

图 3-6 运载火箭结构采用 GH4169 钢

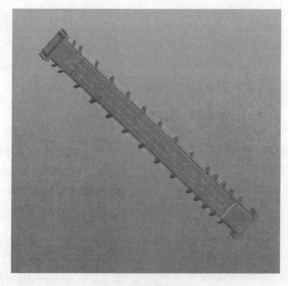

图 3-7 铝基复合材料制备的卫星承力柱

图3-8 碳纤维/环氧复合材料面板

热防护复合材料作为复合材料家族中一类特殊的存在,种类众多,相应的子类划分也有很多。按照增强体材料的不同,可以分为硅系增强体、碳系增强体、混杂增强体等热防护材料;按照工艺不同,可以分为针刺浸渍、层铺、蜂窝增强等热防护材料,如神舟飞船返回舱主要采用碳系增强硅橡胶基复合材料(图3-9),而探月三期某返回器结构采用的是蜂窝增强低密度复合材料,如图3-10所示。

图3-9 神舟飞船返回舱

图3-10　探月三期某返回器热防护结构

3.2.2　按结构功能分类

结构的宏观系统功能主要为维形、承载和提供设备安装空间,而从结构的用途角度来说,结构及其组件的功能主要体现为承载结构、密封结构、防热结构、隔热结构、高稳结构、智能结构等,不同的结构对材料的性能要求均有不同的侧重。因此,可将结构材料分为承载结构材料、密封结构材料、防热结构材料、隔热结构材料、高温结构材料和智能结构材料。

1) 承载结构材料

为了满足结构的承载功能,需要结构材料能够承受结构在不同工况环境下的主要载荷而不发生破坏或过度塑性变形。一般来说,因承载结构对载荷、传力等要求较高,故对材料的强度、刚度等力学性能要求也高。如运载火箭壳体端框、铆接舱体的桁条,载人飞船的承力梁和卫星的前框、后框等典型部件对材料的力学性能要求较高,一般倾向于选择强度、刚度、延伸率等较高的材料。

2) 密封结构材料

对于载人航天器来说,通过零部件的焊接、装配等形成整体密封结构,密封舱体与非密封结构连接后形成可供人类在轨生存的气密舱体。由于载人航天器密封结构的尺寸越来越大,因此密封舱的整体一体化成形困难,目前均采用焊接技术将零部件通过纵缝和环缝焊接形成一体化舱体,这就要求密封结构材料首先应具备良好的焊接性能。

另外,气密舱体在轨时,需要提供航天员人体所需的压强和气氛空间,密封结构材料需要长时间在1atm下保证具有较好的力学性能。同时航天员的呼吸使舱内气体存在一定含量的水分、氧气等,密封结构材料应具有良好的耐腐蚀、抗老化、低出气和质损率等要求。

3) 防热结构材料

对于再入返回或进入地外目标大气的航天器来说,需在其外层设计一层防热结构以避免再入或进入过程中,由于热环境严酷造成的航天器烧毁。从国际和国内对防热结构及其材料的研究来看,防热结构材料是一类极为特殊的材料,它不同于传统的材料体系、成分设计与制备技术,通过增强体与基体的填充混杂形成具有良好耐烧蚀性能的一类材料,一般该类材料具有较高的烧蚀热效率、较低的热导率和密度。如神舟载人飞船外层低密度防热结构材料、MD2玻璃钢材料、返回式卫星头罩结构高硅氧材料等。

4) 高稳结构材料

航天器内部的一些设备工作时需要稳定的环境,为了避免微振动等带来的影响,可以从结构层面通过设计阻尼性能较好的结构形式,最大程度吸收振动能量,降低振动带来的影响;也可以从材料层面选择阻尼性能较高、吸振性能较好的特殊材料降低振动的影响,如相机载荷适配支架、设备安装支架等。

5) 智能结构材料

智能结构作为一种较为新颖的结构形式,近年来伴随着航天器对智能功能的要求越来越多,已经较多地应用在航天器结构中。而智能结构所采用的材料多为压电类材料,能够通过该类材料变形传递出来的信号,判断整舱、整星(整器)结构内部的承载和传力情况,并进一步分析结构或材料内部的缺陷形成和扩展态势。例如,空间站健康监测用智能压电材料等。

3.2.3 按结构形状分类

按照航天器结构零部件的形状可将结构分为杆系结构、板式结构和壳体结构,不同的结构形状因其所经历的承载、传力、提供的结构空间等相异,导致其对材料的要求也存在明显差异。

1) 杆系结构材料

杆系结构是一种广泛应用于航天器中的结构,由一维形状的杆件和相关的接头组成。杆系结构主要分为桁架结构和框架结构,桁架结构在一维空间中,杆接头主要承受轴向的拉力或压力,基本不承受横向弯矩或剪切力。而框架可通过节点和杆件承受来自横向的弯矩或剪切力。

因此,对于桁架结构材料来说,应为轴向能够承受较大的载荷而不容易产生明显塑性变形或破坏的材料,尤其是桁架选用树脂基复合材料时需要考虑轴向力的大小。而刚架结构材料最好选择既具备承受轴向拉力、压力,又可以承受横向剪切和弯曲的金属(金属基)块体材料通过机械加工而成,或者为考虑铺层方向性的树脂基复合材料。常用的杆件材料有铝合金、钛合金、碳/环氧复合材料、凯夫拉纤维/环氧复合材料。

2) 板式结构材料

板式结构是在杆系结构的基础上,为了满足部分特殊载荷面内连接的需要而开发出来的一种新的结构形式。根据结构局部位置的承载和传力要求,合理选用杆系结构或板式结构。板式结构是二维的平板形状结构,对其最主要的要求是提高抗弯刚度和稳定性,但又要保证具有最小的重量,目前应用最为广泛的为具有蜂窝芯子的夹层板结构,此结构在空间航天器中得到大规模使用。

夹层板结构一般有蜂窝芯子和上、下面板通过板芯黏接固化而成,蜂窝芯子采用传统铝合金,上、下面板的材料一般是厚度为 0.15~0.5mm 的铝合金,材料牌号为 2A12-T4、2024-T81 等。面板也可以选用碳纤维/环氧复合材料(M40, M55J)、凯夫拉纤维/环氧复合材料、玻璃布/环氧复合材料。

3) 壳体结构材料

壳体结构是通过二维的形状旋转而成的曲面形状结构,主要包含圆柱形壳体结构、密封舱体旋转壳体结构、非密封舱体旋转壳体结构。圆柱形壳体结构中最典型的为卫星用承力筒结构,主要是为了满足部分通信卫星的贮箱或气瓶及其他设备的安装要求,采用碳纤维复合材料依托模具铺层固化而成的层铺筒状结构,目前常用的材料为碳纤维/环氧复合材料。

密封舱体旋转壳体结构指的是载人航天领域具有密封要求的金属壁板、端框或隔框通过焊接而成的密闭舱体结构,目前主要选用可焊铝合金(5×××系)材料制备柱段或锥段壁板,高性能 2××× 系铝合金等制备端框或隔框。

非密封舱体旋转壳体结构包括载人航天领域、运载领域、卫星领域等无密封要求的旋转壳体结构,通过蒙皮、桁条、隔框或支架等螺接、焊接而成,目前主要采用的材料有可焊铝合金(5×××系)、5A90 铝锂合金、高性能 2××× 和 7×××铝合金等。

3.3 结构材料型谱

随着航天器结构技术的发展,越来越多的新型材料逐渐应用于航天器结构中。目前,结构材料库非常庞杂,据不完全统计,包括传统大规模使用的材料、小众材料、特种材料等,航天器结构所用材料约140余种。为了简要地介绍结构材料型谱,同时最大程度兼顾传统大规模使用的材料和新型高性能材料,本节主要介绍载人航天器结构、卫星结构、深空探测航天器结构、运载火箭结构及其附属件结构中所采用的材料情况。

纵观近百年的航天器结构研制历史,金属材料作为航天器结构的首选或重要材料,一直占据着非常重要的地位。从1926年成功发射第一枚运载火箭起,航天器结构用金属材料的应用范围逐渐扩大,同时也伴随着结构技术的提升、航天器功能要素的增加,金属材料的制备、加工和评价技术等也得到了长足的发展,涌现出众多的新材料、新工艺和新成果。直到20世纪末,随着复合材料的逐渐兴起,复合材料以其固有的轻质、高刚、高强等优势在航天器结构领域取代了一部分金属材料。复合材料的发展在21世纪前10年进入了喷发期,运载火箭、武器装备、载人航天、深空探测及卫星等领域大规模选用复合材料,随后由于西方发达国家对我国某些航天用关键材料的技术封锁,使复合材料的发展逐渐放慢,目前已基本形成了金属材料与复合材料在结构中各有优势、互补的局面。

下面基于结构用金属材料和复合材料,对其进行相对详尽的介绍。

3.3.1 金属材料

在目前的航天器结构材料中,金属材料应用较为广泛且具有代表性的主要为铝合金、镁合金和钛合金,随着未来结构对材料的诸多需求,这三种材料在结构中的应用前景将越来越广阔。因此,本节重点选取了铝合金、镁合金和钛合金进行重点介绍,其他的一些诸如高温合金、铸铁、铜、银等金属材料由于结构中应用相对较少,因此不再详细介绍。

1. 铝合金

铝是元素周期表中第Ⅲ周期主族元素,在金属材料中,铝的产量仅次于钢铁,为有色金属材料之首。铝具有面心立方点阵结构,在变形过程中拥有较多的滑移系而导致其塑性较好。纯铝的密度($\rho = 2.7 \text{g/cm}^3$)小,大约是钢铁的1/3。纯铝的强度较低,退火的纯铝板材拉伸强度约为80~100MPa,因其强度较低,不适宜作为结构材料使用。因此,为了提高铝的强度,在其基体内添加铜、硅、锌、锰、镁等主要合金元素,改善合金的微观组织。铝合金在保持了轻质的前提下,还具有较高的强度,铝合金的拉伸强度一般超过250MPa,且随着铝合金的应用需求,新型的铝合金屈服强度和拉伸强度均可达500MPa以上,其比强度优于大部分的钢或铁。另外,铝合金还具备易成形、耐腐蚀、成本低等优点,是较为理想的结构材料,目前铝合金在航空航天、船舶、核工业及兵器工业等领域都有着广泛的应用及不可替代的地位。

铝合金按照生产和加工方法进行分类,可以分为变形铝合金和铸造铝合金。

变形铝合金通常指采用锻造、轧制、挤压等塑性变形工艺方法生产的铝合金;铸造铝合金是可用金属铸造成形工艺直接获得零件的铝合金。铝及铝合金的分类如图 3 – 11 所示。

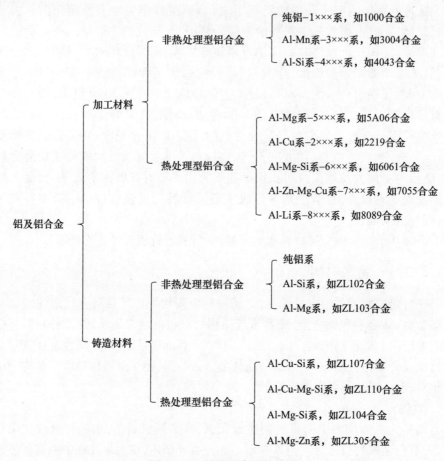

图 3 – 11　铝及铝合金的分类

1) 2×××系变形铝合金

2×××铝合金的发展可以追溯到 20 世纪初,是最早研制的硬铝合金。该系铝合金以铜为主要添加元素,主要包括 Al – Cu – Mg 合金、Al – Cu – Mg – Fe – Ni 合金和 Al – Cu – Mn 合金等,属于可热处理强化合金。这类合金在人工时效或自然时效后具有较高的强度,目前已广泛应用于结构材料。但由于这类合金中添加的元素相对较多,在一定条件下易发生晶间腐蚀,因此其耐蚀性不如大多数其他铝合金。在实际使用过程中,需在 2×××铝合金表面进行纯铝包覆或表面阳极氧化处理。目前,结构材料中应用的 2×××铝合金及其相应的应用位置如表 3 – 1 所示。

表 3-1 2×××铝合金在结构中的应用

牌号	产品状态	应用位置
2A12	锻件、环件、挤压棒材、型材等	载人飞船的前后锻环、端框、立梁、隔框、桁条及直属件等；卫星对接环、支架、角盒等； 运载火箭的前后框、支架、承力梁、隔框、桁条等； 深空探测航天器结构中预埋或后埋梁、内置件、角盒等
2A14	锻环、挤压棒材、型材	卫星对接环、支架等； 运载火箭承力梁、前后框、支架等
2219	板材、锻件	运载火箭贮箱蒙皮、封头、瓜瓣、法兰等

2×××铝合金具有较高的室温综合性能和一定的耐高温性能（<150℃），但2×××铝合金较差的耐蚀性和较差的可焊性限制了其应用，其中剥落腐蚀、晶间腐蚀和点蚀等在2×××铝合金中较为常见。在实际工程应用时，首先考虑结构的工况环境，尽量避免强腐蚀环境和焊接装配的情况。

2）5×××系变形铝合金

5×××系铝合金是以 Mg 为主要添加元素的合金，因为其拥有优异的耐腐蚀性能，所以又被称为防锈铝合金，广泛应用于载人航天、深空探测、空间科学和通信、导航、遥感等领域的航天器结构上。但5×××系铝合金为不可热处理强化铝合金，其强度较其他系偏低，现阶段采用5×××铝合金制备的主结构均面临使用强度仅基本达到材料强度极限的情况，各领域航天器结构均在开展新型更高强度的铝合金研制工作，以期替代5×××铝合金，进一步提升结构技术水平和实现结构的减重。

一般情况下，5×××铝合金具有相对良好的焊接性能，能够通过焊接实现大规格载人飞船壁板、空间站壁板、运载火箭壁板等的制备。近年来，国内外学者通过在5×××系铝合金中添加 Sc、Zr、Er 等微合金化元素来改善合金的组织，如主要添加 Sc 元素的 5B70 合金与 5A06 合金相比有明显的强度提升，但其塑性加工工艺和焊接工艺等还需进一步研究。目前，结构材料中应用的5×××铝合金及其相应的应用位置如表 3-2 所示。

表 3-2 5×××铝合金在结构中的应用

牌号	产品状态	应用位置
5A06	锻件、板材、挤压棒材、型材	飞船的柱段、前锥、后锥壁板、桁条及直属件等； 卫星型材支架、角盒等； 运载火箭的壁板、承载壳体、桁条等
5B70	锻环、板材、挤压棒材	飞船壁板、桁条等

3) 6×××系变形铝合金

6×××系变形铝合金为一种可热处理强化的中等强度铝合金,具有良好的耐蚀性能、焊接性能和成形性能。其主要的合金元素为 Mg、Si 和 Cu,通过调控合金元素之间所形成化合物的数量,来控制6×××系变形铝合金的力学性能。为了进一步增强合金的力学性能,也可在合金基体中添加 Cr、Ti、Zr 等元素,细化合金晶粒的同时,提高合金人工时效后的强度。

目前国内外航天器中常用的 6×××系变形铝合金有 6061、6063、6013 等,而国内航天器结构材料中用的 6×××系变形铝合金为 6061 合金。6061 合金具有优异的耐蚀性和焊接性能,在一般应用场合下不会产生应力腐蚀开裂,强度中等偏下。可在货运飞船及空间站部分舱体的柱段采用 6061 铝合金制备的防护板,以避免舱体受到高能粒子或空间高速碎片等的撞击的影响/破坏,如表 3-3 所示。

表 3-3 6×××铝合金在结构中的应用

牌号	产品状态	应用位置
6061	板材	货运飞船柱段防护板; 运载火箭用部分气瓶、贮箱等压力容器

4) 7×××系变形铝合金

7×××系变形铝合金是以锌为主要合金元素的铝合金,属于可热处理强化铝合金。可在基体中额外添加 Mg、Cu 等元素分别形成 Al-Zn-Mg 和 Al-Zn-Mg-Cu 等合金。Al-Zn-Mg 合金具有良好的热变形性能,淬火范围很宽,在适当的热处理条件下能够得到较高的强度,焊接性能良好,一般耐蚀性较好,但存在一定的应力腐蚀倾向,是一种高强可焊的铝合金。Al-Zn-Mg-Cu 合金是在 Al-Zn-Mg 合金基础上通过添加 Cu 发展起来的,其强度高于 2×××系铝合金,一般称为超高强铝合金。合金的屈服强度与拉伸强度接近,屈强比高,比强度也很高,但塑性差,高温强度较低,可用作常温、120℃以下使用的承力结构件;合金易于加工,有较好的耐腐蚀性和较高的韧性。该系合金主要应用于航天器结构中对强度要求较高的部位,如飞船的主承力支撑梁、运载火箭的承力支架等,如表 3-4 所示。

表 3-4 7×××铝合金在结构中的应用

牌号	产品状态	应用位置
7A09	板材、棒材、型材	飞船支撑梁、支架座、锥形缓冲板等; 运载火箭天线结构盖
7075	棒材、型材	运载火箭承力支架、次级承力梁、连接接头等

5) 铝锂系变形铝合金

铝锂合金是在传统铝合金的基础上,为了进一步提高铝合金的比强度、比刚度而开发出来的一种新型轻质高强铝合金材料。通过在铝基体中添加锂元素（密度为534kg/m³），调控微观组织和力学性能，有效地降低铝合金的密度，提高强度和弹性模量。在铝合金中每添加1%的Li，可使合金密度降低3%，弹性模量提高6%，并可保证合金在淬火和人工时效后具有良好的硬化效果。铝锂合金作为一种低密度、高弹性模量、高强度的铝合金，在运载火箭贮箱和飞行器密封舱上具有重要的应用价值，已在国外主力运载火箭和航天器中得到成功应用，取得了显著的减重效果。

从20世纪20年代至今，铝锂合金的研制已有90多年的历史，大致可分为四个阶段，如图3-12所示。第一代铝锂合金研制时间为20世纪70年代前，该阶段铝锂合金中Li含量一般不超过1.0%，典型牌号有美国Alcoa公司研制的2020合金，苏联开发的BA23合金。该类合金由于延展性差、断裂韧度低、缺口敏感性高，未能获得规模应用。第二代铝锂合金研制时间为20世纪70年代到80年代后期，这一代合金出于轻量化的考虑，均加入了较高含量的Li，其含量一般大于2.0%，代表性牌号有1420、2090、8090等。但这类铝锂合金存在各向异性严重、塑韧性较差、热暴露后会严重损失韧性、大部分合金焊接性能较差等问题，综合性能难以与当时的2000系、7000系铝合金竞争，除苏联的1420合金外，大部分未获得正式应用。第三代铝锂合金研制时间为20世纪90年代到21世纪初，这一代合金Li含量一般不超过2.0%，并添加了多元微合金化元素，典型规格和牌号有厚板2195、2197、2297、2397、2050；薄板1460、2195、2098、2198；型材2099、2196等。目前正是第四代铝锂合金发展阶段，该类合金是在第三代铝锂合金的塑性、韧性、疲劳性能不降低的基础上研制的，静强度、可加工性等综合性能进一步提高，成本进一步降低。

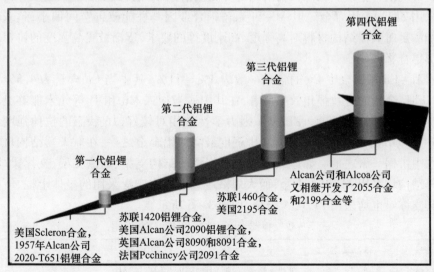

图3-12　铝锂合金发展历程

迄今,我国西南铝业(集团)有限公司已经建立了大容量的铝锂合金熔炼铸造生产线,并突破了制备大规格铝锂合金锻件、锻环等的关键技术,可以成功生产出大规格的圆铸锭和扁铸锭,并加工成板材、型材、模锻件等。目前铝锂合金的板材、锻件等已经在结构中获得了一定的应用,如1420铝锂合金型材已应用于运载火箭舱段,5A90铝锂合金板材应用于货运飞船蒙皮结构,如表3-5所示。

表3-5 铝锂系合金在结构中的应用

牌号	产品状态	应用位置
1420	板材、模锻件、型材	运载火箭级间舱段、小规格壳体结构
5A90	板材、型材	货运飞船蒙皮、连接接头等结构

6)铸造铝合金

铸造铝合金是指用金属铸造工艺直接成形的铝合金,大部分的铸件不需要进一步加工或热处理。因此,一般情况下,需要铸造铝合金具备良好的流动性、铸造性能和力学性能。但铸造铝合金具有相对较低的塑性和中等水平的力学性能,适合制造力学性能要求较低且需整体成形保证较高整体刚度的结构件。铸造铝合金根据合金元素的差异,主要分为以下几类:Al-Si系合金、Al-Cu系合金、Al-Mg系合金、Al-Zn系合金等,其中广泛应用于航天器结构材料的为Al-Si系合金和Al-Cu系合金。

Al-Si系合金中Si的含量一般为4%~22%,经过变质处理和热处理后,合金具有良好的铸造性能、耐磨耐腐蚀性能及中等的切削加工性能,是铸造铝合金品种最多、用量最大、用途最广的合金系,同时也是铸造铝合金中力学性能较低、较为传统的合金系。运载火箭的大部分舱段前框、后框、大型隔框和端框等目前均采用ZL114A铝合金。但Al-Si系铸铝合金因其性能改善空间偏小,越来越不能满足航天器结构材料对高强度、高刚度等的要求,逐渐被更高强度的铸铝或变形铝合金取代。

Al-Cu系合金中Cu的含量一般为3%~11%,其中当Cu含量为4.5%~5.3%时,合金的时效强化效果显著,在其中适当加入Mn和Ti等元素能够显著地提高强度和铸造性能。ZL205A因力学性能相对较好,T6状态的拉伸强度约465~510MPa,是目前铸造铝合金中强度最高的铝合金之一,在航天器结构材料体系中占据一席之地。如运载火箭中小规格的结构支架、遥测支架、支撑梁、隔框等结构均采用ZL205A合金,而大规格遥感卫星中广泛采用的星体上框、下框及其支撑座也均采用ZL205A合金,如表3-6所示。

表3-6 铸造铝合金在结构中的应用

牌号	产品状态	应用位置
ZL114A	铸件(T4、T6)	运载火箭前、后框、大型隔框和端框等结构

续表

牌号	产品状态	应用位置
ZL205A	铸件（T4、T6）	运载火箭中小规格的结构支架、遥测支架、支撑梁、隔框等结构；大规格遥感卫星中上、下框及其支撑座等结构

7）增材制造铝合金

AlSi10Mg 合金按照化学成分来说，属于 Al-Si 系铸造铝合金，如图 3-13 所示。铸造后合金的组织为共晶体和少量的初晶 Si，其中共晶 Si 为粗针状，初晶 Si 为块状，由于粗针状的共晶 Si 极易在合金承载时撕裂 Al 基体，因此，AlSi10Mg 合金的强度较低，塑性较差，对于传统采用 AlSi10Mg 合金的，如机匣、气缸等结构也逐渐被具备更好力学性能的铸造铝合金代替。

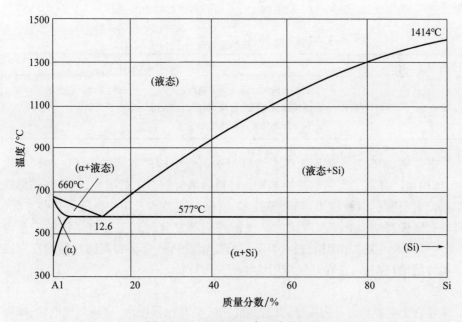

图 3-13 AlSi10Mg 合金共晶相图

随着增材制造技术的快速发展，基于新的增材制造技术的 AlSi10Mg 合金应运而生，且 AlSi10Mg 合金的制粉工艺、粉末颗粒控制、增材制造工艺及热处理工艺控制等方面均已突破了技术瓶颈。增材制造的 AlSi10Mg 合金的组织晶粒细小，元素分布均匀，具有与传统铸造 AlSi10Mg 合金完全不同的形貌组织，如图 3-14 所示。因此增材制造 AlSi10Mg 合金具有更高的强度、硬度和更好的塑性，目前已经成功应用在卫星结构中，如表 3-7 所示。

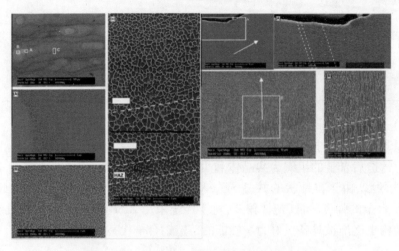

图 3-14　AlSi10Mg 合金顶面和侧面的 SEM 图

表 3-7　AlSi10Mg 合金在结构中的应用

牌号	产品状态	应用位置
AlSi10Mg	增材制造件	运载火箭侧承力支架等结构； 卫星侧板、顶板、底板、隔板、支架、相变板、接头等结构； 深空探测航天器连接接头等

近年来，美国和欧洲国家等在增材制造铝合金构件方面取得了一些研究进展，国内也已开展了高强铝及铝基复合材料的增材制造工艺研究，包含高强铝或铝基复合材料的制粉技术、热处理技术、增材制造技术及组织性能评价技术等，具有在航天器结构上潜在应用的高强铝或铝基复合材料主要有铝镁钪锆合金（Al-Mg-Sc-Zr）和陶铝材料（TiB_2），目前铝镁钪锆合金和陶铝材料均已完成了构件的增材制造，正在开展应用性能研究和评价。

2. 镁合金

镁合金主要特点是密度低，有较高的比模量和比强度值，导热和导电性、减振性能好，可承受较大的冲击载荷。进入 21 世纪以来，镁合金作为最轻的结构材料，已经越来越多地应用于航空航天领域。据统计，航天器载荷质量每减少 1kg，整个运载火箭的起飞质量就可减少 50kg，地面设备的结构质量可减少 100kg，节省的成本数以万计。因此，镁合金材料业已成为结构设计选材时的重点对象材料之一。目前航天器结构中所用的镁合金按成形工艺可分为变形镁合金和铸造镁合金，按照合金体系可分为 Mg-Al 系、Mg-Zn 系、Mg-RE（稀土）系及 Mg-Li 系等。不同合金体系的镁合金根据其成分不同，衍生出了数十种的镁合金品种，每个品种镁合金的力学性能不同，分别应用于不同位置和环境下的结构中。目前，航天器结构中主要采用的镁合金有 MB2、MB15、AQ80M、Mg-RE、Mg-Li 等。

1) MB2 镁合金

MB2 镁合金对应的美国标准(ASTM)为 AZ31 镁合金,是目前应用最广泛的变形镁合金,具有较高的室温强度、良好的延展性和优良的抗腐蚀能力。可以通过挤压、轧制、锻造等制备成相应的型材、管材、锻件等,是一种重要的商用镁合金。但是,MB2 镁合金为不可热处理强化的变形镁合金,其塑性变形后的力学性能比其他变形镁合金低,不满足航天大部分主结构对材料力学性能的要求。MB2 镁合金目前主要应用于一些航天器承力结构,如运载火箭的壁板、舵板、T 型挤压件、局部加强框等,如表 3-8 所示。

表 3-8 MB2 镁合金在结构中的应用

牌号	产品状态	应用位置
MB2	板材、型材、锻件	运载火箭壁板、舵板、T 型挤压件、局部加强框等结构; 深空探测器仪器板、支架等结构

但是,MB2 材料也存在着镁合金的不耐腐蚀问题,由于其为 Mg-Al 系合金,在腐蚀气氛中表面易于产生腐蚀斑点,且随着时间的延长腐蚀深度增加。但根据镁合金暴露在海洋环境(万宁站)和海洋-工业环境(青岛站)5 年中的腐蚀情况测量分析,镁合金表面的腐蚀速率随着放置于腐蚀环境的时间延长而逐渐变慢。因此,某些航天器结构在转运、装配环节均在海边环境下进行,且发射时因湿度大、海边环境潮湿等因素,暴露在外的镁合金极易被腐蚀而出现斑点、凹坑等。这大大限制了 MB2 材料的应用范围,一般在舱内或星内使用,避免暴露在大气环境之中。

2) MB15 镁合金

MB15 镁合金是一种属于 Mg-Zn-Zr 系的高强变形镁合金,与苏联的 MA14 合金、美国的 ZK60A 合金成分接近,具有较高的强度、较好的塑性及抗冲击性能。由于原始状态的 MB15 铸棒拉伸强度小于 270MPa,经过热处理后拉伸强度可达 340MPa,因此该合金是一种热处理强化非常明显的材料。经过挤压等塑性变形后,其屈服强度、拉伸强度、延伸率和弹性模量等均有一定程度的改善。基于此,航天器结构材料库中 MB15 是一种较为常见且应用较为广泛的镁合金材料,如卫星和深空探测器结构用 MB15 仪器板(0.3~1.8m 系列规格)、设备安装平台、后壳体等,运载火箭的柱段壳体、支架、舵基座、运载仪器舱平台等,如表 3-9 所示。

表 3-9 MB15 镁合金在结构中的应用

牌号	产品状态	应用位置
MB15	板材、型材、锻件	运载火箭柱段壳体、支架、舵基座、运载仪器舱的平台等结构; 卫星和深空探测器仪器板、设备安装平台、后壳体等结构

MB15 镁合金材料虽然具有较高的强度,并已在航天器结构领域取得了一定范围的应用,但其存在的易于腐蚀问题也比较明显,与 MB2 基本相同,此处不再赘述。对于实际工程应用来说,MB15 结构件需进行表面阳极氧化或微弧氧化处理后方可使用,且在使用前需要经过严格的盐雾考核试验验证。

3)AQ80M 镁合金

AQ80M 镁合金是在 AZ80 传统镁合金的基础上,针对航天器结构应用需求而开发出来的一种新型的中高强、耐热镁合金。通过在合金基体中添加少量的 Ag 等元素,改善合金的微观组织和力学性能,并进行了长期的制造工艺和技术摸索,成功形成了挤压、多向锻造、轧制和热处理等工艺规范。目前,AQ80M 镁合金可针对结构材料的形式和尺寸进行相应的定制,已逐渐应用于运载火箭仪器舱体、支架、空间站舱外支架、货运飞船前锥支架等位置,如表 3-10 所示。

表 3-10 AQ80M 镁合金在结构中的应用

牌号	产品状态	应用位置
AQ80M	板材(厚)、锻件	运载火箭仪器舱体、支架等结构; 空间站舱外支架、前后锥支架等结构; 货运飞船前、后锥支架等结构

AQ80M 镁合金定位为中高强的镁合金,其在温度 150~160℃ 范围内可以长期使用,在航天器的次承力结构上具有较为广泛的应用前景。在实际工程应用中,需在结构件的表面进行微弧氧化+有机涂层处理,以避免结构件表面发生腐蚀。

4)Mg-RE 镁合金

Mg-RE 镁合金作为一类较为新型的镁合金体系,在近二十年来已经有约几十种的材料牌号体系被开发出来。最初加入稀土元素是为了提高合金的耐温性能和强度,随着对稀土元素与镁、铝等元素的相互冶金作用研究的深入,发现稀土元素在镁合金基体中能够形成不同的第二相,而第二相能够充分地诱发密排六方镁晶格结构中锥面、柱面等滑移系的开动,对合金的塑性和延展性提升具有重要的贡献。因此,目前的 Mg-RE 镁合金的基础研究已经取得了阶段性成果,且在工程中也逐渐取得了一定的应用。目前,Mg-RE 镁合金主要应用于运载火箭小规格梁、支架、仪器设备平台底板等,如表 3-11 所示。

表 3-11 Mg-RE 镁合金在结构中的应用

名称/体系	产品状态	应用位置
Mg-RE	板材、锻件	运载火箭小规格支架、设备平台等结构

Mg-RE 镁合金在力学性能和强韧化机理方面虽然已经有一定的成果,但对于大规格航天器结构件来说,高稀土镁合金的制造工艺和技术仍需进一步提升和完善。

5）Mg-Li 镁合金

Mg-Li 镁合金作为一种超轻质的镁合金结构材料，一般情况下锂的含量为 5%～16%，密度为 1.3～1.6g/cm³，比普通镁合金小 1/4～1/3。Mg-Li 镁合金具有较高的比强度和比刚度、高弹性模量、高抗压和屈服强度、各向异性不明显、好的塑性和冲击韧性、对缺口敏感性低和良好的阻尼性能等。在航天器结构中，Mg-Li 镁合金因为其超低的密度，是一些非主承力、对减重要求非常高的结构件的理想结构材料。但是，由于 Mg-Li 镁合金的基础性能偏低、极不耐腐蚀、大规格结构件制备困难等问题，目前的工程应用偏少，尤其在运载火箭和载人航天等领域，Mg-Li 镁合金几乎没有成功应用案例。目前，Mg-Li 镁合金仅在深空探测器、大规格遥感器卫星中有少量的应用，如表 3-12 所示。

表 3-12 Mg-Li 镁合金在结构中的应用

名称/体系	产品状态	应用位置
Mg-Li	棒材、板材	深空探测航天器内置件、蜂窝夹层结构面板、支架和设备平台等结构

6）铸造镁合金

铸造镁合金是针对部分航天器结构存在结构形式复杂、机械减材加工一般无法满足精度或制备要求的情况下，采用铸造工艺成形结构件或毛坯构件的一种镁合金材料。目前航天器结构中主要应用的铸造镁合金有 ZM5 和 ZM6 合金，ZM5 为 Mg-Al 系的铸造镁合金，主要依靠基体中的 Al、Zn 等元素与镁之间形成较为传统的第二相进行合金强化，而 ZM6 是在 ZM5 的基础上通过微调合金元素含量并添加少量的稀土元素而形成的一种铸造镁合金，由于稀土元素的加入使得其与 Mg、Al、Zn 等元素之间能够形成较多且强化效果较为显著的第二相。因此，ZM5 合金的强度水平相对较低，而 ZM6 合金较 ZM5 合金的强度稍高。目前，在航天器结构中应用的 ZM5 合金材料，一般情况下均用于大承载构件，在结构使役过程中承受的载荷较大，但为了保证铸造镁合金结构件的刚度要求，通常情况下将其设计为具有非常复杂外形、多加强筋薄腹板等结构形式，该类型的结构形式对于目前的铸造或精铸工艺来说存在一定的技术挑战，且随着遥感卫星、运载火箭等对铸件规格、精度、性能等要求越来越高，我国的铸造镁合金的铸造工艺技术水平仍需进一步提高。航天器结构中使用的铸造镁合金如表 3-13 所示。

表 3-13 铸造镁合金在结构中的应用

牌号	产品状态	应用位置
ZM5	T5，铸件	遥感卫星贮箱支架、CMG 支架、底板、动量轮支架、肼瓶支架等结构；运载火箭遥测支架、上下框、贮箱支架等结构
ZM6	T5，铸件	遥感卫星贮箱支架、动量轮支架、肼瓶支架等结构；运载火箭遥测支架、上下框、贮箱支架等结构

3. 钛合金

钛合金与铝、镁等材料相比,具有比强度高、耐腐蚀性能良好、抗疲劳性能良好、热导率小、线膨胀系数小、高低温力学性能好等优点,一般情况下可在 350～450℃ 温度内长期使用。但是,在对重量"斤斤计较"的航天器结构中,钛合金由于密度较高导致其应用范围越来越小,因此仅在一些需要大承载、耐温等特殊情况下才被用作制备结构件。而且钛合金的制造工艺复杂、耐磨性较差、材料成本较高等,也进一步限制了其在航天器结构中的广泛应用。航天器结构中常用的为 TC4 钛合金,也有少量的 TB 系列但均为紧固件等连接部件,如表 3-14 所示。

表 3-14 TC4 钛合金在结构中的应用

牌号	产品状态	应用位置
TC4	锻件、板材、增材制造件	飞船前端钛框、大底钛框、主承力框架等结构; 运载火箭支撑框架、舵基板、舵内部支撑梁等结构; 深空探测器连接角盒、接头等结构

随着增材制造技术的提升,基于 TC4 钛合金的增材制造结构件逐渐在航天器中取得了一定的应用。增材制造钛合金结构件因具备轻质、制造工艺简单、周期较短、成本相对较低等优势,比传统的钛合金更有应用前景。但因为增材制造工艺特点,增材制造的钛合金结构件的空间环境适应性及材料内部的失效模式和机理等不清晰,相关的研究也不完善,所以增材制造钛合金在目前应用范围有限。

3.3.2 复合材料

复合材料拥有相对复杂的材料组分,且与工艺和制造技术的相关性较高,复合材料的分类、应用和性能分析均较为复杂,本节重点对航天器结构中广泛应用的金属基复合材料、树脂基复合材料等进行详细的介绍,其他一些(复合)材料(诸如软木、陶瓷等)虽在结构中取得了一定的应用,但应用相对于金属基、树脂基等仍偏少,本节不再详细介绍。

1. 金属基复合材料

金属基复合材料是将金属合金基体与具有优异性能的增强相,通过外加或自生等方式进行物理化学复合而获得的新材料,一般情况下具有高比强度、高比刚度、高可靠性、耐高温的特点,同时也可以根据应用工况和环境的不同,对材料进行相应的成分设计、工艺设计及组织性能设计等。在航天器结构领域,金属基复合材料相比于传统的金属材料,具有非常明显的性能优势,已逐渐在卫星、载人飞船、深空探测器等结构中获得应用。

1) SiC_p/Al 铝基复合材料

SiC_p/Al 铝基复合材料是在铝基体中添加 SiC 颗粒增强相而形成的一种复合材料,弹性模量为 70~100GPa,屈服强度为 280~400MPa。该种复合材料对航天某些主承力结构,尤其是卫星或载人飞船结构的整体刚度、减重等均有较为显著的提升作用,且能够根据结构的承力特点,设计、制备、选用不同性能指标的材料体系。但由于 SiC_p/Al 铝基复合材料本身制备工艺的特点,目前国内多家制备单位的 SiC_p/Al 铝基复合材料均存在一定偏析、团聚等组织不均匀情况,在结构选材过程中,应充分考虑结构件的承力特点,避免材料力学性能较弱的方向承受大量级的力学载荷。

SiC_p/Al 铝基复合材料具有良好的挤压性能,主要用于制备承力立梁等类型的主承力结构,如卫星的承力梁(柱)、支座等,如表 3-15 所示。同时由于该复合材料具有非常优异的耐磨性能,因此具有潜在的航天器车轮结构应用前景。目前不具备大规格 SiC_p/Al 铝基复合材料板材或薄板的制备技术,大规格(直径>2500mm)的航天器结构制造时,塑性加工(锻造、轧制)极易引起材料的开裂和破坏。

表 3-15 SiC_p/Al 铝基复合材料在结构中的应用

名称/体积	产品状态	应用位置
SiC_p/Al 铝基复合材料	棒材、型材	运载火箭支撑梁、桁条等结构; 卫星承力柱、角盒、上框支撑座等结构; 深空探测航天器车轮等结构

2) SiC_w/Al 铝基复合材料

SiC_w/Al 铝基复合材料是在铝基体中添加 SiC 晶须而形成的一种复合材料,一般情况下,在航天领域常用的 SiC_w/Al 铝基复合材料的弹性模量>90GPa,屈服强度>400MPa,但仅限于沿着挤压方向。而 SiC_w/Al 铝基复合材料的平板或弧形板存在较为明显的各向异性,一定长径比的晶须的加入造成内部组织和材料力学性能的方向性,在结构设计时,需综合考虑结构承力、传力和材料局部的晶须分布等,尽量避免因结构开孔而破坏材料内部的晶须分布形态。目前,SiC_w/Al 铝基复合材料主要应用于刚度要求较高的指向杆、肩部承力支架、弧形底板等结构,如表 3-16 所示。

表 3-16 SiC_w/Al 铝基复合材料在结构中的应用

名称/体系	产品状态	应用位置
SiC_w/Al 铝基复合材料	棒材、型材	运载火箭支撑梁、桁条等结构; 卫星承力柱、角盒、上框支撑座等结构; 深空探测航天器车轮、杆等结构

3) 陶铝复合材料

陶铝基复合材料是近年来针对航天器结构对高刚度、高性能复合材料的迫切需求而发展起来的一种新型铝基复合材料,其主要的增强相为 TiB_2 纳米陶瓷颗粒,它通过原位生长与铝基体之间形成匹配性良好的共格结构,该复合材料组织较为均匀,性能较高,弹性模量 >80GPa,屈服强度 >650MPa,在航天器结构中具有广阔的应用前景。该型复合材料具有良好的塑性加工、热处理、机械加工和表面处理性能,根据 TiB_2 纳米陶瓷颗粒的加入量可分为不同的合金体系,且针对航天器结构的不同应用场合及环境,可选择不同的合金体系。目前陶铝基复合材料在遥感卫星的星敏支架结构中获得应用,并通过了应用性能评价和试验考核,如表3-17所示。

表 3-17 陶铝基复合材料在结构中的应用

名称/体系	产品状态	应用位置
陶铝基复合材料	板材	卫星星敏支架等结构

2. 树脂基复合材料

树脂基复合材料是采用纤维与树脂通过复杂的物理或化学复合工艺制备而成的一种多相固体材料。一般情况下,复合材料不仅继承了增强纤维和树脂的某些性能,同时也衍生出了一些复合材料特有的性能。复合材料因其优良的力学性能、较高的单向刚度和热稳定性等,已经在航天器结构领域取得了广泛的应用。目前,航天器结构用复合材料采用碳纤维(常用牌号有 M40、M40J、M40X、M55J、M60、T300、T700、T800)、玻璃纤维、芳纶纤维等作为增强体材料,采用环氧树脂、酚醛树脂、双马来酰亚胺树脂、氰酸酯(及其改性)等作为复合材料的基体材料,不同纤维与不同的树脂复合后可获得性能各异的复合材料。

1) 碳纤维/环氧树脂复合材料

碳纤维/环氧树脂体系是目前空间航天器结构中应用最为广泛的复合材料,它具有诸如密度低、模量高、强度高、线膨胀系数低、抗腐蚀性好、抗疲劳性好、耐磨等性能。因增强纤维种类的不同,可大致分为高模量碳纤维/环氧复合材料、高强度碳纤维/环氧复合材料,高模量的碳纤维/环氧复合材料中的碳纤维主要为 M40、M40J、M40X、M55J、M60,高强度的碳纤维/环氧复合材料中的碳纤维主要为 T300、T700、T800 等。目前,在载人航天、深空探测、卫星等航天器结构中应用的主要为高模量的碳纤维/环氧复合材料,在运载火箭结构中应用的主要为高强度的碳纤维/环氧复合材料。

由于载人航天、深空探测、卫星等航天器大部分结构采用刚度设计约束、强度进行校核,因此,这些航天器结构主要采用高模量碳纤维/环氧复合材料,而运载火箭以强度为设计约束,主要采用高强度的碳纤维/环氧复合材料。高模量的碳纤维/环氧复合材料的发展历经低模量到高模量、进口到国产等的转变。最初,结构中采用的碳纤维(如 M40)在航天器结构技术发展过程中逐渐无法满足更高刚度的需求,在 M40 碳纤维的基础上开发(进口)了更高模量的 M40J 碳纤维,M40J 碳纤维在结构中获得了长期、大规模的工业应用。但随着国外对高性能碳纤维的禁运,我国的高性能碳纤维面临供货不足甚至影响航天器研制任务的情况,基于此我国开展了高性能碳纤维的国产化工作,并依次开展了 M40、M55J、M60 等不同模量等级的碳纤维国产化研究。目前,高模量碳纤维的生产、稳定化工作及其与环氧树脂的复合工艺、机理等已逐渐清晰,形成了我国特色的高模量碳/环氧复合材料体系。高模量碳纤维/环氧复合材料在航天器结构中的应用如表 3-18 所示。

表 3-18 高模量碳纤维/环氧树脂复合材料在航天器结构中的应用

牌号	产品状态	应用位置
M40/环氧树脂	预浸料/层合板	卫星外侧板蒙皮、支架、接头、适配器、立梁、拉杆、承力筒等结构;
M40J/环氧树脂	预浸料/层合板	卫星外侧板蒙皮、支架、接头、适配器、立梁、拉杆、承力筒等结构; 飞船仪器板面板、立梁、支架等结构
M55J/环氧树脂	预浸料/层合板	卫星外侧板蒙皮、支架、接头、适配器、立梁、拉杆、承力筒等结构; 飞船仪器板面板、立梁、支架等结构; 深空探测器面板、桁条、仪器平台面板、立梁等结构

为了满足运载火箭载荷工况对主结构力学性能的要求,高强度碳纤维/环氧复合材料同样经历了与高模量碳纤维/环氧复合材料相似的研究与国产化历程。经过国内一些单位多年的研究与积累,目前国产化的高强度碳纤维/环氧复合材料已经达到甚至超过了美欧、日本等传统碳纤维研制优势国家和地区,已逐渐取代了原来进口的高强度碳纤维,大幅度推进了高强度碳纤维的国产化进程。高强度碳/环氧复合材料在运载火箭结构中的应用如表 3-19 所示。

表 3-19 高强度碳纤维/环氧树脂复合材料在运载火箭结构中的应用

牌号	产品状态	应用位置
T300/环氧树脂	预浸料/层合板	运载火箭复合材料压力容器内衬等结构
T700/环氧树脂	预浸料/层合板	运载火箭复合材料贮箱、气瓶、支架、压力容器内衬等结构
T800/环氧树脂	预浸料/层合板	运载火箭复合材料贮箱、气瓶、支架、压力容器内衬等结构为背景的预先研究样件

2）凯夫拉纤维/环氧树脂复合材料

凯夫拉纤维/环氧树脂复合材料是在碳纤维/环氧树脂之后开发出来的一种复合材料，具有很高的比强度，优秀的抗冲击和抗疲劳性能，良好的热稳定性能、隔热性能、阻尼性能、绝缘性能等。因其拥有极低的线膨胀系数（某些方向线膨胀系数为负值）和电磁透波性能，多被应用于天线、太阳翼基板等结构中，如表3-20所示。

表3-20　凯夫拉纤维/环氧树脂复合材料在结构中的应用

牌号	产品状态	应用位置
Kevlar-49/环氧树脂	预浸料/层合板	卫星太阳翼基板、绷弦、天线外层锥段、反射器等结构；运载火箭天线支撑、反射器等结构
Kevlar-29/环氧树脂	预浸料/层合板	卫星太阳翼基板、绷弦、天线外层锥段等结构；运载火箭天线支撑杆、连接环等结构

3）碳纤维/氰酸酯树脂复合材料

碳纤维/氰酸酯树脂复合材料是工程上为了满足深空探测航天器结构对复合材料高模量、高强度及耐星际空间环境的需要而开发的一种复合材料。碳纤维采用M55J高模量碳纤维，氰酸酯（及改性氰酸酯）树脂受热后可以直接聚合或与含活泼氢键的化合物发生共聚反应，可在热或催化剂的作用下环化三聚成三嗪环交联结构树脂。因为氰酸酯树脂的化学结构高度对称和独特的化学反应特性，所以其固化物突出的优点是耐高温（180℃以上），拥有较低的收缩率、吸湿率等。碳纤维与氰酸酯所形成的复合材料具有较高的性能，拥有双马来酰亚胺树脂（简称双马树脂）复合材料的耐高温性能和环氧树脂良好的工艺性能，同时还兼具较好的热稳定性、耐烧蚀性能、力学性能、耐化学腐蚀性能、耐空间环境性能等。碳纤维/氰酸酯树脂复合材料从20世纪70年代至今，国外已经完成了该体系复合材料的基础和应用研究，我国在少量的深空探测航天器、卫星载荷结构上应用，如表3-21所示。

表3-21　碳纤维/氰酸酯树脂复合材料在结构中的应用

牌号	产品状态	应用位置
M55J/氰酸酯树脂	预浸料/层合板	卫星光学遥感器精通、承力板等结构；深空探测航天器外层承力结构、支架、大底等结构

4）碳纤维/双马树脂复合材料

碳纤维/双马树脂复合材料是为了提高复合材料结构的耐高温性能而开发出来的一种复合材料。复合材料中的碳纤维既可以是高模量的M40J等，也可以是高强度的T700等。双马树脂在加热或有催化剂的情况下交联固化，主链结构中含有芳环和氮杂环结构,使该类树脂具有耐高温、耐湿热、耐辐射、高绝缘、阻燃、耐摩擦等多种优良性能,已在航天器结构中得到广泛的应用。我国在20世纪70年代初期,开始了双马树脂的研究,80年代以来针对航天航空用的复合材料结构需求进行了碳纤维/双马树脂复合材料的研制与工程应用。目前碳纤维/双马树脂复合材料在航天器结构中的主要应用如表3-22所示。总体来说,碳纤维/双马树脂复合材料在运载工具或武器装备领域应用较为广泛,在对刚度要求较高的卫星、飞船及深空探测航天器结构中应用相对较少。

表3-22 碳纤维/双马树脂复合材料在结构中的应用

牌号	产品状态	应用位置
T700/双马树脂	预浸料/层合板	运载火箭筒段、支架等结构
M40J/双马树脂	预浸料/层合板	卫星发动机支架结构

5) 防热结构用复合材料

前面已经说明,防热结构用复合材料是一类较为特殊的复合材料,将多种增强体填充混杂进基体,经过一定温度下的固化和保压保温,制备一种耐热或隔热的复合材料。通过固定的工艺,制备的防热结构用复合材料可以是类似于层合板状的层铺材料(如SPQ系列),也可以是蜂窝增强的低密度材料(如FG系列)或立体针刺骨架在浸渍树脂的类PICA材料。防热结构用材料因其对于航天器返回再入或进入地外星体的安全性非常重要,故在防热结构用复合材料方面的研究相对较早,并结合载人飞船、新一代载人飞船、深空探测航天器等结构的研制,积累和形成了防热结构用复合材料的设计、成形、结构设计与评价等全流程的技术体系和规范。目前我国航天器结构中的防热复合材料如表3-23所示。

表3-23 防热结构用复合材料在结构中的应用

牌号	产品状态	应用位置
SPQ	层铺/层合板	运载火箭筒段、支架等结构
低密度(FG系列、H88、H96系列等)	蜂窝增强,整体固化成形	深空探测器侧壁、大底等结构; 载人飞船侧壁、大底等结构
高硅氧/酚醛树脂 MD系列	整体模压	返回式卫星头罩等结构; 飞船防热环、返回式卫星防热环等结构; 深空探测伞舱耳片等结构
类PICA	针刺三维骨架,立体浸胶固化成形	飞船头罩、侧壁、大底等结构
TR37-C	涂层	深空探测器侧壁等结构

3.3.3 材料型谱

综合上述分析结果,航天器结构所用材料型谱(不限于)汇总如图3-15所示,据不完全统计,共约24大类,近百种材料。随着航天器结构技术的发展和材料制备工艺、应用和评价等研究的完善,结构材料也在不断地更新换代。

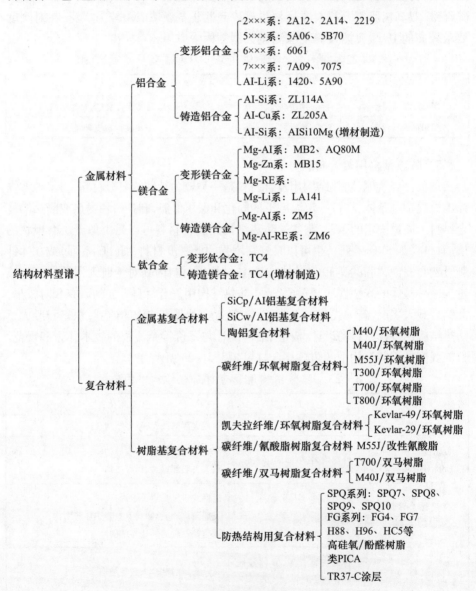

图3-15 航天器结构材料型谱

3.4 结构材料性能

根据航天器结构用材料型谱,本节对结构材料的现阶段实际复测性能进行了梳理。需要指出的是,材料的性能对于结构的选材和材料使用极限存在重要的影响,由于目前我国的大部分材料标准规定的材料性能值为批次中所测试的最低值,因此本部分的材料复测数据一般情况下比现在使用的标准偏高。结构材料实际复测性能的梳理汇总,能够为后续我国材料发展和研究提供参考,同时也为材料使用极限及结构设计准则的改进提升提供数据支撑。

航天器结构用铝合金、镁合金、钛合金、铝基复合材料的现阶段复验真实力学性能如附表1~附表3所示。

3.5 结构材料工程应用中的问题

材料作为结构的基础支撑,伴随着多年来结构及其技术的发展,材料的发展也取得了极大的进步。而材料的进步又进一步推动了大承载、智能、高稳、防热、密封等结构技术的提升。但是,随着我国逐渐由航天大国向航天强国的转变,航天器对于结构技术水平的要求更为苛刻,为了满足结构的特定功能,需要对材料或其制造技术进行适应性的改进,诸如材料体系的更新换代、制造(成形)技术的升级、材料与结构使役环境的耦合规律、柔性展开折叠等方面需要进一步地完善。从航天器结构的材料需求层面来说,在部分领域材料或其制造技术已成为制约结构技术提升的首要障碍。为了满足结构功能实现要求,在现有的材料和其制造技术体系下,必须牺牲一部分材料性能或结构功能才能成功地完成航天器整体结构的顺利研制、组装和考核,这无疑对我国航天器的研制造成了非常大的不利影响。基于此,本节提炼了结构与材料之间的关系和影响,总结了材料在结构设计和工程应用中的典型问题。

3.5.1 材料的制造技术亟待提高

材料被开发出来只是实现其使用价值的第一步,其块体的制造技术对于材料后续功用的发挥无疑起到重要的支撑作用。我国航天器结构用材料的制造技术虽已经历了数十年的发展和完善,但仍存在几个方面典型的瓶颈问题。

1)大曲率弧形构件制造技术

对于飞船密封舱、运载火箭贮箱等结构来说,目前主要采用加筋壁板逐级焊接形成密闭的舱体。该类型结构设计应尽量减少纵向和环向焊缝的数量,要求壁板的尺寸规格较大,一般情况下投影尺寸约 $1000mm \times 1800mm \times 60mm$,且壁板的翻筋方向相异,如密封舱的壁板加强筋在外侧,而贮箱的壁板加强筋在内侧(如图3-16和图3-17),筋的高度最大可达50mm,腹板厚度小于5mm。尽管密封舱、贮箱等大曲率结构所选用的材料一般为传统成熟的铝合金材料(5×××系),但大曲率、大规格、高筋、薄腹板构件的成形对于目前的制造技术来说,仍是一个巨大的挑战。

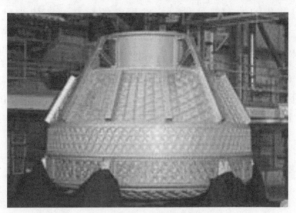

图3-16 外翻筋壁板

图3-17 内翻筋壁板

根据目前的制造技术水平,密封舱壁板等构件主要采用多道次滚弯成形,为了避免大曲率壁板滚弯过程中产生边裂、局部变薄严重,需要增加中间热处理去应力和提高铝合金材料的变形能力,据统计,一块壁板的成功滚弯制备共进行大于20道次的中间热处理,这对构件的生产周期、成本等均有巨大的影响。因为贮箱壁板等构件的结构形式为内翻筋,所以部分大曲率壁板滚弯成形较为困难,改采用蠕变成形技术进行制备。但由于蠕变成形所需的周期较长,且材料在经过长时间的高温保压过程后,性能较塑性变形态稍微下降,因此无法满足大曲率弧形构件快速制造、高性能等要求。

针对未来更大曲率和更复杂的壁板类构件,在现有制造技术进一步研究提升的基础上,迫切需要开发能够保持材料的高性能,且可实现快速成形的制造技术。

2) 大规格高性能块体材料制造技术

在载人航天、运载火箭领域,大规格的框、环、梁等结构是支撑结构的骨架,是整个结构甚至整星(整器、整箭)的主要传力途径,如图3-18所示。一般情况下,为了保证结构承载安全性,该类型大规格结构均采用性能较高的铝合金或钛合金进行制备。随着航天器结构功能的要求越来越高,结构的承载比越来越高,需要在保证结构安全性的前提下,进一步降低结构重量,而采用高性能的材料制备大规格结构是目前结构减重的重要途径之一。如采用2195铝锂合金、7×××超高强铝合金等代替目前广泛应用的2×××铝合金,能够进一步降低结构干重,提升承载比。

图3-18 大规格高性能框结构

然而,由于诸如高性能铝锂合金、7×××铝合金等材料熔炼工艺技术、块体材料加工技术不完善等约束,导致高性能铝锂合金、7×××合金等块体材料的变形机理不清晰,变形过程中的微观组织与性能相关性模型无法构建,因此该类高性能铝合金的大规格块体材料的后续塑性变形、机械加工等工作开展较为困难。目前,航天器结构中已部分采用高性能铝锂合金或7×××铝合金,但仅限于规格较小块体、棒材或型材等,而大规格的块体或锻件、锻环、框等的制造技术仍然不完善,尚未形成一套大规格高性能块体材料实用的工艺规范或路径。

针对目前和后续大规格航天器结构对高性能块体材料的需求,大规格高性能块体材料制造技术的不完善成为高性能材料在结构中应用的主要障碍,需要在保证材料性能、提升结构承载比的前提下,进一步提升块体材料的制造技术。

3) 大规格异形复杂薄壁构件铸造技术

前面已经阐述,铸造技术对于结构来说,目前是一种不可或缺的传统工艺。尽管增材制造、先进连接等工艺技术一直在提升,但铸造技术仍将在相当长的一段时间内在某些特定的大规格构件制备中使用。由于卫星的前框、后框、支架和运载火箭的隔框等结构均为异形复杂薄壁,如图3-19和图3-20所示。若采用变形合金+机械加工的方式制备,不仅周期较长,而且大大增加了生产成本,不利于后续航天器的低成本化和市场化。因此,该类大规格异形复杂薄壁构件仍采用铸造技术进行制备,如镁合金贮箱支架、铝合金的运载火箭前框等。

图3-19 大规格异形薄腹板支架结构

图3-20 大规格异形复杂薄壁支架结构

然而,由于上述大规格异形复杂薄壁构件大部分仍采用传统的铸造技术,对于铸造过程中的材料流动趋势、构件组织和性能的控制程度较低,导致铸件的成品率较低,且内部质量仅低于2级,性能相对较低。且铸造后的构件由于铸造余量较大,仍需进行大量的机械加工工作,一定程度增加了制造成本和周期。为了在结构中成功使用这类铸件,不得不进一步频繁修改结构设计形式和采取一些必要的加强措施,这样不仅增加了结构的重量,同时也给结构的整体安全性带来了一定的风险。因此,大规格异形复杂薄壁构件的先进精铸技术是目前面临的关键技术瓶颈,在传统铸造技术基础上,需要花大力气、投入大量的科研资源进行攻关。

4) 高性能块体材料(构件)焊接技术

航天器结构对于高性能材料的追逐随着材料制造技术和结构技术的发展越加明显,由于我国目前的结构材料仍相对传统,所以高性能或中高性能的材料已经逐渐应用在部分结构中,如5B70、AQ80M、7A09、2195(实验室阶段)等中高性能变形合金。中高性能材料能够在一定程度上提升结构的承载水平,同时降低结构重量。但是,对于大规格的舱体或舱段来说,大规格的结构制造技术目前处于瓶颈期,无法实现大规格舱体或舱段的整体成形与制备。因此,目前工程上均采用先制备小规格构件,再通过焊接等连接技术将小规格拼焊成大规格的舱体或舱段的方法,如密封舱壳体、运载火箭舱体、贮箱等结构。

然而,由于焊接工艺技术的特点,焊接区域的性能较母材偏低,在后续的结构承载过程中,焊缝位置是承载薄弱区域(图3-21),极易造成焊缝过载、疲劳、腐蚀等破坏。尤其在某些中高性能合金(5B70、2195等)中添加某些元素,会造成合金的焊接性能较差,焊缝微观组织不均匀等问题,因此,实际工程应用中,虽然对中高性能合金的选用,理论上可以较大幅度提高结构的承载能力,降低结构的重量,但焊缝区域的性能低谷拉低了结构的承载设计上限(表3-24),最终导致结构承载能力和减重均不明显。因此,针对中高性能块体材料的焊接技术需要针对结构(构件)的承载条件,进行相应的攻关研究,形成体系完善的焊接工艺技术和途径,大幅度提升焊缝整体性能。

图3-21　5B70铝合金壁板结构焊缝

表 3-24　5A06 合金与 5B70 合金(焊接后)的力学性能对比

牌号	屈服强度 σ_s	抗拉强度 σ_b	延伸率 δ
5A06	约 160MPa	约 355MPa	约 13%
5B70	230~286MPa	350~428MPa	约 12%
5B70(焊接后)	177~220MPa	270~330MPa	约 10%

3.5.2　材料的应用研究亟待完善

材料由原始的熔炼锭坯通过加工变为块体材料或含有一定加工余量的构件,其基础性能首先需要关注材料性能。但是,材料若要实现在结构中应用,能被制备出来和基础性能满足要求只是前提,材料的应用性能也需要满足结构在不同环境、不同时域的承载、腐蚀、辐射、耐磨等对材料的特殊使用要求。根据航天器任务剖面,可将结构材料的应用研究简要分类:地面环境腐蚀、发射阶段承载、在轨空间环境辐照、进入(再入)热环境和冲击等。目前,我国在结构材料的应用研究方面还存在几个较为明显的短板,简要概述如下:

1) 地面环境下材料的腐蚀

对于一般大型航天器来说,其结构需要经历生成、装配、转运、总装等过程,地面环境下经历的时间约几个月到几年不等。因此,对于一些在大气环境下极易被腐蚀的材料来说,需要重点关注材料的腐蚀情况。材料、构件或结构局部腐蚀的出现均会对结构的装配、转运等后续流程产生影响,甚至会影响结构整体的重新生产或研制。因此,实际工程应用中,对较易产生腐蚀的材料(诸如镁合金、不耐腐蚀铝合金等)进行表面阳极氧化、微弧氧化或喷漆处理,以阻断材料本体与大气的接触,如图 3-22 和图 3-23 所示。

图 3-22　某卫星铝合金(非防锈铝)对接段结构

图3-23 某卫星镁合金贮箱支架结构

然而,对于镁合金、7×××高强铝合金等来说,由于材料的表面处理层之间的结合机理等不清楚,导致材料表面处理层的厚度与结合性能之间关系尚未明确,因而表面处理工艺的控制措施也不完善,目前仅依靠传统的表面处理工艺进行防腐蚀处理。另外,材料在不同的表面处理后其在地面环境下的耐腐蚀速率、程度、机理等也不清晰,材料的腐蚀速率与实际环境下的等效时长等仍需要开展大量的研究。

2) 在轨辐照环境下材料的挥发、老化

航天器结构材料在轨环境下的应用研究是一个历久弥新的过程,多年来,一些研究机构投入大量的人力、物力和财力开展了较为系统的研究,图3-24为国际空间站开展的太阳电池垫原子氧剥蚀状态研究示意图。20世纪60年代起,美国国家航空航天局依托国际空间站等在轨长时飞行器开展材料的应用性能研究,采用长期暴露平台及返回式航天器搭载材料等进行了材料短时间在轨、长时间在轨等不同时间段的微观组织和性能演化研究,获得了一系列极为有价值的成果,图3-25为采用机械臂开展长期暴露试验研究的示意图。而我国的在轨环境下材料的应用研究始于本世纪,随着航天器在轨时间越来越长,如未来的中国空间站在轨将达十几年时间,结构材料在轨除了承受相应的变轨、对接、内压等局部载荷外,其在轨性能的稳定性、演化规律等已成为重点关注的问题。迄今为止,国内开展了多种材料的在轨环境下应用性能研究,初步结果表明,在轨环境对金属或金属基复合材料影响较小,而对树脂基复合材料等影响较大,长时间的在轨辐照、冷热交变、粒子等极易引起树脂基复合材料中的树脂挥发、老化等工程问题。

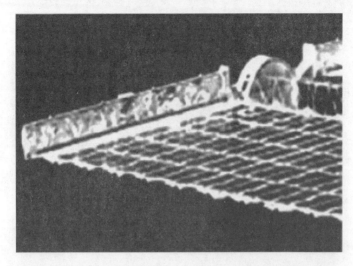

图 3-24 国际空间站开展的太阳电池垫原子氧剥蚀状态研究

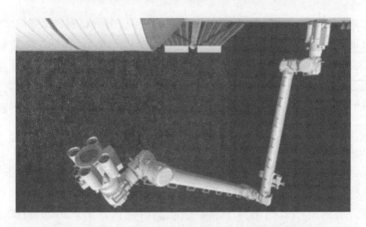

图 3-25 国际空间站采用机械臂开展长期暴露试验研究

结构材料中使用的树脂基复合材料,在使用前虽然经过长时间质损、可凝挥发物等检测,但由于目前地面上无法有效地模拟在轨复杂环境,因此所获得的材料在轨应用性能均为单一或几种在轨因素(如辐照、粒子)下的测试结果,结合复合因素的材料性能演化等研究尚未存在有价值的结果供人参考。因此,对于树脂基复合材料来说,为了研究其长时间在轨环境下的微观组织和性能演化,需要针对在轨环境构建相应的地面模拟设备,开展在轨环境下的材料应用性能研究,为结构材料的选用和后续材料等的寿命评估、航天器在轨周期及风险提供支撑。

3) 再入(进入)环境下材料的抗冲击

航天器为了顺利返回或进入地外星体表面,需要在一定的位置变轨到相应的返回或进入轨道,通过地球或地外星体的万有引力作用将航天器纳入返回或进入下降过程,理论上在这个过程中航天器下降速度越来越快,当航天器靠近地表或星体表面时,通过发动机反推控制、减速伞、减速气囊等措施使得航天器的下降速度降低到一定的阈值区间。一般来说,返回地面和进入星体表面着陆时的垂直速度仍可到几千米/秒。因此,对于航天器来说,其再入或进入过程中的着陆冲击是此过程中的重要载荷,由于着陆速度较快,冲击载荷非常大(如图3-26和图3-27),这对于材料的抗冲击能力提出了非常高的要求。

图3-26 某飞行器月球表面着陆

图3-27 某飞行器在地外星体着陆

目前,由于航天器结构在设计过程中充分考虑了着陆工况的冲击载荷,在设计时结构留有一定的承载余量,导致结构质量相对较大。因此,需要针对着陆工况开展相应的耐冲击材料研制,提升材料的抗冲击、吸能减振能力,研究大载荷冲击下的材料宏观变形、微观变形及组织等的演化规律,并系统研究材料的耐冷热交变、空间环境等的应用性能,为降低减重设计裕度和结构质量提供支撑。

3.5.3 新型结构材料亟待研制

随着先进材料的研发与应用性能研究积累,越来越多的新型结构材料在结构中获得工程应用。一方面,新型结构材料的应用不仅推动了结构技术的提升,促进了航天器结构的制备,同时也完善了材料的工程应用,提高了材料的成熟度。另一方面,结构技术的提升和材料的工程应用,也体现和暴露了材料在某些应用领域的不足,这些不足为材料的后续发展和方向提供参考,同时也为结构设计时的选材原则及禁忌提供支撑。

近年来,新型结构材料(如柔性充气结构材料、智能材料等)已经在结构中获得应用,成功制备了一定规格的工程样机。然而,由于新型结构材料的变形模式、失效准则、材料制备等均存在较为明显的技术困难,因此新型结构材料的工程应用范围相对较窄,仍需进一步开展对其制备、应用与变形机理等方面的研究。

1)柔性充气舱体结构材料

柔性充气舱体结构是一种柔性复合材料构建的,在发射时处于折叠状态,到达预定轨道后依靠气源的压力展开,并通过一定方法保持所期望构型的空间结构,如图3-28所示。与传统的金属刚性舱体相比,其具有明显的重量轻、压缩比大等优势,成为国际空间站运营拓展舱和月球基地主体结构的主选方案。充气舱由多层材料复合而成,内层是能够保证密封性的密封层,外层是承载内压的复合材料织物,中间包含诸如隔热层、阻燃层等材料,如图3-29所示。

正是由于柔性充气舱体结构由多层复合而成,因此需要注意层间界面复合工艺及可靠性、多层复合层的折叠和展开、复合层的耐空间环境性、充气展开动力学分析等问题。而在实际工程应用中,为了满足柔性充气舱体结构的展开可靠性和安全性、耐空间环境性,需要在结构设计过程中对柔性充气舱体的折叠、充气展开进行准确的动力学分析,而由于复合层较多,层与层之间的耦合动力学特性非常复杂,需要针对性地对相关内容进行攻关。另外,由于单个复合层的功能相异,材料更是差别较大,层间的复合工艺和折叠工艺也是成形柔性充气舱体结构的关键技术之一。尽管国内目前有哈尔滨工业大学等单位可以开展较为简单的柔性充气舱体结构的层间复合及折叠设计,但对于空间站应用的舱内外设备、开口位置较多的舱体来说,其层间复合工艺和折叠工艺技术仍需要进一步深入研究。

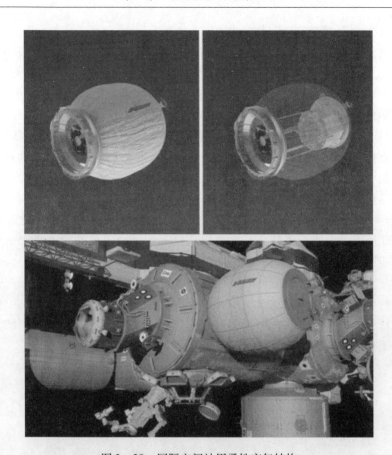

图 3-28 国际空间站用柔性充气结构

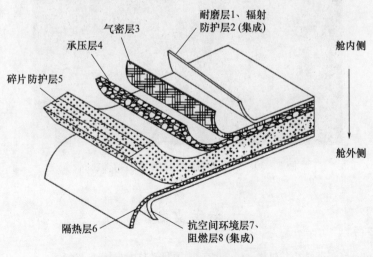

图 3-29 柔性充气舱结构剖视图

2)（大变形）智能结构材料

前述已经表明，随着航天器在轨时间越来越长，结构及其材料在轨环境下的性能波动及变形趋势是长时间在轨航天器的重要关注对象，如国际空间站开发新型大变形智能结构材料，该种材料的使用能够有效、及时地监控结构的承载和内部变形情况，通过检测数据下行可供地面准确地判断结构局部的服役环境和变化。目前，针对该种具有一定监测能力的智能结构材料，国内外众多研究学者和单位根据实际的使役环境开发了多种类的智能结构材料，主要分为两种：一种为具有大变形的智能结构材料，兼具一定的承载能力，该种材料可用于次承力结构。第二种为智能系统融于材料之中，在材料的熔炼、加工及构件的制备等过程中，智能系统贯穿于其中，且不被材料的后续塑性加工和机械加工所影响，如图3-30所示。上述两类智能结构材料从目前的国内工艺技术水平来说，均需突破相应的材料设计、制备等关键技术，在现有的材料体系基础上，结合智能系统材料与承载材料体系，设计开发出新型的材料，使其可智能检测的同时，仍然有一定的承载能力。或者更进一步开发出更为新型的，融合承载与智能材料于一体的材料体系。但第二种材料目前来看，研发难度相当大，仍有相当数量、规模的关键技术和机理需要攻克。

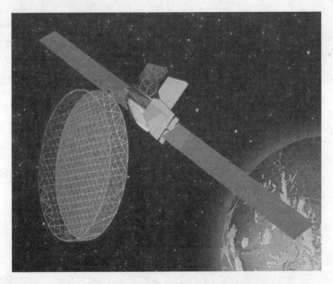

图3-30 融合承载与智能的新型结构材料

参考文献

[1] 陈烈民. 航天器结构与机构[M]. 北京：中国科学技术出版社，2005.

[2] 陈烈民,沃西源. 航天器结构材料的应用和发展[J]. 航天返回与遥感,2007,28(1):58-61.

[3] 王耀兵,马海全. 航天器结构发展趋势及其对材料的需求[J]. 军民两用技术与产品,2012,(7):4.

[4] 宋力昕. 航天材料发展趋势分析[C]. 大连:中国空间科学学会第七次学术年会,2009:35-40.

[5] 吴国庭. 载人飞船舷窗防热与密封结构的设计与试验[J]. 航天器工程,2007,16(3):7-12.

[6] 沈自才,欧阳晓平,高鸿,等. 航天材料工程学[M]. 北京:国防工业出版社,2016.

[7] 邢焰,王向柯. 航天器材料[M]. 北京:北京理工大学出版社,2018.

[8] 雅各布·约尔·维科尔·航天器结构[M]. 董瑶海,周徐斌,满孝颖,等译. 北京:国防工业出版社,2017.

[9] 荣伟. 航天器进入下降与着陆技术[M]. 北京:北京理工大学出版社,2018.

[10] 李念奎,凌昊,聂波,刘静安. 铝合金材料及其热处理技术[M]. 北京:冶金工业出版社,2012.

[11] 刘瑞堂,刘锦云. 金属材料力学性能[M]. 哈尔滨:哈尔滨工业大学出版社,2015.

[12] 何利民. 高温防护涂层技术[M]. 北京:国防工业出版社,2012.

[13] 张玉龙. 先进复合材料制造技术手册[M]. 北京:机械工业出版社,2003.

[14] 袁家军. 卫星结构设计与分析[M]. 北京:中国宇航出版社,2004.

[15] 沈自才. 充气展开式结构在航天器中的应用[J]. 航天器环境工程,2008,25(4):323-325.

[16] 石文静,高峰,柴洪友. 复合材料在航天器结构中的应用与展望[J]. 宇航材料工艺,2019,49(4):1-6.

[17] 王惠芬,杨碧琦,刘刚. 航天器结构材料的应用现状与未来展望[J]. 材料导报,2018,32(z1):395-398.

[18] 周志勇,马彬,张萃,等. X-37B轨道试验飞行器可重复使用热防护系统综述[J]. 航天器工程,2016,25(04):95-101.

[19] 董彦芝,刘芃,王国栋,等. 航天器结构用材料应用现状与未来需求[J]. 航天器环境工程,2010,27(1):41-44.

[20] 杜善义. 先进复合材料与航空航天[J]. 复合材料学报,2007,24(1):1-12.

[21] ROBERT I M. Advanced composite structures re-search in Australia [J]. Composite Structures,2002,57:3-10.

[22] 刘志全,杨淑利,濮海玲. 空间太阳电池阵的发展现状及趋势[J]. 航天器工程,2012,21(6):112-118.

[23] 李伟杰,刘峰,董彦芝,等. 再入航天器防热层/金属结构热匹配评价方法研究[J]. 航天器工程,2013,22(3):113-118.

[24] 黄玉凤,党惊知. 含钪铝合金的现状与开发前景[J]. 大型铸锻件,2006,11(4):45-48.

[25] 熊焕. 低温贮箱及铝锂合金的应用[J]. 导弹与航天运载技术,2001,(6):33-40.

[26] 郑子樵,李劲风,李红英. 新型铝锂合金的研究进展与应用[C]. 三亚:第十四届中国有

色金属学会材料科学与工程合金加工学术年会会务组,2011.
[27] 吴凯,张铁军,姚为,等.航天新型高性能材料的研究进展[J].宇航材料工艺,2017,47(6):1-9.
[28] 张绪虎,单群,陈永来,等.钛合金在航天飞行器上的应用和发展[J].中国材料进展,2011,30(6):28-32.
[29] 盛聪,柴洪友,高峰,等.一种梁板复合结构的设计[J].航天器工程,2009,18(2):62-67.
[30] 王恩青,张斌.复合材料在航空航天中的发展现状和未来展望[J].科技信息,2011(33):1.
[31] 陶炯鸣,苏若斌,孔祥森.卫星结构技术发展对新型复合材料的需求分析[J].科技导报,2016,34(8):18-20.
[32] 赵娟.可焊耐蚀铝镁钪合金组织与性能的研究[D].成都:中南大学,2009.
[33] 郑峰.铝与铝合金速查手册[M].北京:化学工业出版社,2008.
[34] 杜善义,冷劲松,王殿富.智能材料系统与结构[M].北京:科学出版社,2001.
[35] 李晓谦,蒋日鹏.航空航天用高性能轻合金大型复杂结构件制造基础研究进展[J].中国基础科学,2015,17(1):10-15.
[36] 刘琳,戴光宇,李文峰.航空航天用高性能热固性树脂基体应用及研究进展[J].中国塑料,2008,22(4):9-12.
[37] 安群力,齐暑华,周文英,等.国内双马来酰亚胺树脂改性研究进展[J].化学推进剂与高分子材料,2007,5(4):13-16.
[38] 刘锋,周恒,赵彤.高性能树脂基体的最新研究进展[J].宇航材料工艺,2012,42(4):1-6.
[39] 赵云峰.航天特种高分子材料研究与应用进展[J].中国材料进展,2013,32(4):217-218.
[40] 袁钦,宋永才.连续SiC纤维和SiCf/SiC复合材料的研究进展[J].无机材料学报,2016(31):1165.
[41] 马晶晶,詹茂盛.聚酰亚胺新材料研究与应用进展[C].重庆:中国国际工程塑料产业创新大会会务组,2015.
[42] 宋一龙,赵芳,李志尊,等.纤维隔热材料研究进展[J].化工新型材料,2021,49(4):62-66.

第4章 航天器结构材料制造技术

材料需要过渡为结构方能实现其作为航天器重要支撑的功能,而材料过渡为结构的中间过程即为制造技术。结构材料的制造技术是实现材料功能转变的重要手段,通过该种手段能够将仅具有一定功用的块体材料加工成为具有不同功能的结构。目前的结构材料制造技术整体上仍偏保守,大部分的结构制造均采用较为传统的制造技术,如焊接、机械加工等。采用传统制造技术能够在多年积累的经验基础上进行高效、高质量的结构制造,但同时存在的问题是对于某些特殊的结构,传统的制造技术已逐渐不能满足其制造要求,从而导致这些特殊结构的制造成本较高、周期较长,且损失了一部分的结构效能。从这个层面来说,采用新型的结构材料制造技术是航天器结构技术发展的必然选择和趋势。新型结构材料制造技术的应用和普及是一个长期的摸索过程,必将存在传统的结构材料制造技术与新型的结构材料制造技术并行存在一定时期。

本章旨在介绍航天器结构材料传统制造技术及其在目前型号中遇到的问题和基于制造工艺的结构设计优化措施,同时概括性地提出了部分有潜在广泛应用性的新型制造技术。期望能在传统制造技术方面牵引出更为深度的研究,同时在潜在的新型制造技术方面开展更为广度的探索。

4.1 航天器结构制造技术分类

我国现有的航天器结构制造技术,按照加工模式进行分类,主要分为塑性加工技术、焊接技术和机械加工技术,可用这三类加工技术归纳目前航天器结构材料的大部分制造技术。

4.1.1 塑性加工技术

(金属)塑性加工技术是基于金属的塑性,借助外力使金属发生塑性变形,获得所需形状、尺寸和性能的制品的加工方法,也称金属压力加工或者金属塑性加工。由于(金属)塑性加工是通过塑性变形得到所要求制件的,因此是一种少(无)切削的等材制造技术。其一般在设备的一个行程或者多个行程中完成,生产效率高,在力学性能、冶金质量和使用可靠性上,其比铸造成形或机械加工的方法性能优越。

塑性加工技术一般分为塑性体积成形和钣金塑性成形。塑性体积成形包括模锻、挤压、轧制等。钣金塑性成形包括弯曲、拉深、旋压、模压等。

4.1.2 焊接技术

焊接是利用加热或加压等手段，使分离的材料（同种或异种）在设计连接区通过原子（分子）间结合和扩散形成构件的工艺方法。焊接是实现材料高效与可靠连接的关键技术。焊接可分为三大类：熔化焊、固态焊和钎焊。将待焊处的母材金属熔化以形成焊缝的焊接方法称为熔化焊；焊接温度低于母材金属和填充金属的熔化温度，加压以进行原子相互扩散的焊接工艺方法称为固态焊；采用比母材熔点低的金属材料作为钎料，将焊件和钎料加热到高于钎料熔点，低于母材熔化温度，利用液态钎料润湿母材、填充接头间隙并与母材相互扩散实现连接焊件的方法称为钎焊。使用熔点高于450℃的硬钎料进行钎焊称为硬钎焊，使用熔点低于450℃的软钎料进行钎焊称为软钎焊。

4.1.3 机械加工技术

在机械加工领域，高效切削加工主要采用高速切削技术，而对于高硬度材料和某些难加工材料，主要采用特种加工技术。高速切削技术是采用超硬刀具和磨具，利用能可靠实现高速运动的高精度、高自动化和高柔性的制造设备，以提高切削速度来达到提高材料去除率、加工精度和加工质量的先进加工技术。特种加工技术是直接利用电能、热能、声能、光能、电化学能、化学能及特殊机械能等多种能量或其复合能量以实现材料去除的加工方法。其研究范围是电加工、高能束流（激光束、电子束、离子束、高压水束）加工、超声波加工及多能源复合加工。

塑性加工技术、焊接技术和机械加工技术作为目前航天器结构材料制造技术的典型，不仅包含了诸如弯曲成形、拉伸成形、焊接等传统的制造技术，同时也包含了一些诸如增材制造技术、电磁辅助成形等新型制造技术。不管是传统制造技术还是新型制造技术，在目前的航天器结构材料制造过程中均存在一定的技术瓶颈，需要针对性地开展技术的提升和完善工作。

4.2 传统制造技术

结合航天器结构制造过程中的实际应用情况，目前的传统制造技术主要分为弯曲成形、拉深成形、翻边成形、焊接成形等，本节面向航天器结构的实际制造过程，对传统制造技术的原理、特点、实例、工程问题和相应的设计优化等进行详细的介绍。

4.2.1 弯曲成形

1. 基本概念

航天器结构产品中,采用弯曲成形技术加工的零件很多,主要包括各种蒙皮、壁板和型材类零件。蒙皮主要指构成火箭、卫星或飞船气动外形的薄板件、壁板件以及与外形蒙皮有直接装配关系的内部垫板(或加强板)内部结构框架等。按几何形状可分为平板蒙皮、单曲度蒙皮、双曲度蒙皮和复杂形状蒙皮。型材零件是弹(箭、星、飞船)体骨架的主要组成元件,在弹(箭、星、飞船)航天器结构的纵向构件和横向构件中都有广泛应用,主要包括梁缘、框类缘条、长桁、加强支柱、小角片及双曲度的不规则件六类。

弯曲是使材料产生塑性变形,形成有一定角度或一定曲率形状零件的冲压工序。弯曲的材料可以是板料、棒料等。弯曲工序除了使用模具在普通压力机上进行外,还可以使用其他专门的弯曲设备。例如在专用弯曲机上进行折弯或滚弯,在拉弯设备上进行拉弯等。各种常见弯曲件如图4-1所示。

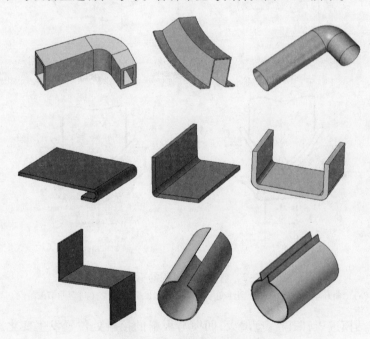

图4-1 各种常见弯曲件

2. 弯曲成形的原理

在压力机上采用压弯模具对板料进行压弯是弯曲工艺中运用最多的方法。弯曲变形过程一般经历弹性弯曲变形、弹-塑性弯曲变形、塑性弯曲变形四个阶段。现以常见的V形件弯曲为例,如图4-2所示。板料从平面弯曲成一定角度和形状,其变形过程是围绕着弯曲圆角区域展开的,弯曲圆角区域为主要变形区。

弯曲开始时,模具的凸、凹模分别与板料在A、B处相接触。设凸模在A处施加的弯曲力为2F(图4-2(a))。这时在B处,凹模与板料的接触支点则产生反作用力并与弯曲力构成弯曲力矩$M = \frac{1}{2}VF$,使板料产生弯曲。在弯曲的开始阶段,弯曲圆角半径r很大,弯曲力矩很小,仅引起材料的弹性弯曲变形。

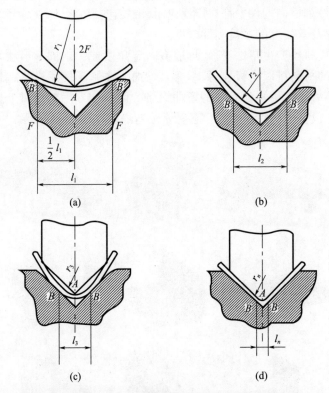

图4-2 弯曲变形过程的不同阶段
(a)弯曲开始阶段;(b)弹-塑性变形阶段;(c)塑性变形阶段;(d)弯曲结束阶段。

随着凸模进入,凹模深度增大,凹模与板料的接触处位置发生变化,支点B沿凹模斜面不断下移,弯曲力臂l逐渐减小,即$l_1 > l_2 > l_3 > l_n$。同时弯曲圆角半径r亦逐渐减小,即$r_1 > r_2 > r_3 > r_n$,板料的弯曲变形程度进一步加大。

弯曲变形程度可以用相对弯曲半径r/t表示,t为板料的厚度。r/t越小,表明弯曲变形程度越大。一般认为当相对弯曲半径$r/t > 200$时,弯曲区材料开始进入弹-塑性弯曲阶段,毛坯变形区内(弯曲半径发生变化的部分)料厚的内外表面首先开始出现塑性变形,随后塑性变形向毛坯内部扩展。在弹-塑性弯曲变形过程中,促使材料变形的弯曲力矩逐渐增大,弯曲力臂 l 继续减小,弯曲力则不断加大。

凸模继续下行,当相对弯曲半径 $r/t < 200$ 时,变形由弹-塑性弯曲逐渐过渡到塑性变形。这时弯曲圆角变形区内弹性变形部分所占比例已经很小,可以忽略不计,板料截面都已进入塑性变形状态。最终,B 点以上部分在与凸模的 V 形斜面接触后被反向弯曲,再与凹模斜面逐渐靠紧,直至板料与凸、凹模完全贴紧。

若弯曲终了时,凸模与板料、凹模三者贴合后凸模不再下压,则称为自由弯曲。若凸模再下压,对板料再增加一定的压力,则称为校正弯曲,这时弯曲力将急剧上升。校正弯曲与自由弯曲的凸模下止点位置是不同的,校正弯曲使弯曲件在下止点受到刚性镦压,减小了工件的回弹。

3. 弯曲成形的特点

为了观察板料弯曲时的金属流动情况,便于分析材料的变形特点,可以采用在弯曲前的板料侧表面设置正方形网格的方法。通常用机械刻线或照相腐蚀制作网格,然后用工具显微镜观察测量弯曲前后网格的尺寸和形状变化情况,如图 4-3 所示。

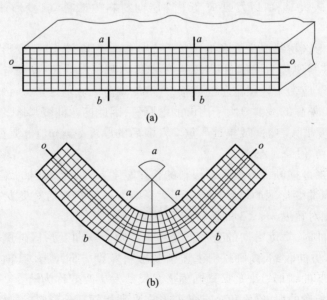

图 4-3 弯曲变形分析
(a)弯曲开始前网格划分;(b)弯曲开始后网格变形。

弯曲前,材料侧面线条均为直线,组成大小一致的正方形小格,纵向网格线

长度 $aa = bb$。弯曲后,通过观察网格形状的变化,如图 4-3(b)所示可以看出弯曲变形具有以下特点:

(1) 弯曲圆角部分是弯曲变形的主要区域。在该区域可以观察到位于弯曲圆角部分的网格发生了显著的变化,原来的正方形网格变成了扇形。靠近圆角部分的直边有少量变形,而其余直边部分的网格仍保持原状,没有变形。说明弯曲变形的区域主要发生在弯曲圆角部分。

(2) 弯曲变形区内的中性层。在弯曲圆角变形区内,板料内侧(靠近凸模一侧)的纵向网格线长度缩短,越靠近内侧越短。比较弯曲前后相应位置的网格线长度,可以看出圆弧为最短,远小于弯曲前的直线长度,说明内侧材料受压缩。而板料外侧(靠近凹模一侧)的纵向网格线长度伸长,越靠近外侧越长。最外侧的圆弧长度为最长,明显大于弯曲前的直线长度,说明外侧材料受到拉伸。

从板料弯曲外侧纵向网格线长度的伸长过渡到内侧长度的缩短,长度是逐渐改变的。由于材料的连续性,在伸长和缩短两个变形区域之间,必定有一层金属纤维材料的长度在弯曲前后保持不变,这一金属层称为应变中性层。应变中性层长度的确定是今后进行弯曲件毛坯展开尺寸计算的重要依据。当弯曲变形程度很小时,应变中性层的位置基本上处于材料厚度的中心,但当弯曲变形程度较大时,可以发现应变中性层向材料内侧移动,变形量越大,内移量越大。

(3) 变形区材料厚度变薄的现象。弯曲变形程度较大时,变形区外侧材料受拉伸长,使得厚度方向的材料减薄;变形区内侧材料受压,使得厚度方向的材料增厚。由于应变中性层位置的内移,外侧的减薄区域随之扩大,内侧的增厚区域逐渐缩小,外侧的减薄量大于内侧的增厚量,因此使弯曲变形区的材料厚度变薄。变形程度越大,变薄现象越严重。变薄后的厚度 $t' = \eta t$,(η 是变薄系数,根据试验测定,η 值总是小于 1)。

(4) 变形区横断面的变形。板料的相对宽度 b/t(b 是板料的宽度,t 是板料的厚度)对弯曲变形区的材料变形有很大影响。一般将相对宽度 $b/t > 3$ 的板料称为宽板,相对宽度 $b/t \leqslant 3$ 的板料称为窄板。

窄板弯曲时,宽度方向的变形不受约束。由于弯曲变形区外侧材料受拉引起板料宽度方向收缩,内侧材料受压引起板料宽度方向增厚,其横断面形状变成了外窄内宽的扇形。变形区横断面形状尺寸发生改变称为畸变。

由于宽板弯曲时,在宽度方向的变形会受到相邻部分材料的制约,材料不易流动,因此其横断面形状变化较小,仅在两端会出现少量变形,由于相对于宽度尺寸而言数值较小,横断面形状基本保持为矩形。虽然宽板弯曲仅存在少量畸变,但是在某些弯曲件生产场合,如铰链加工制造,需要两个宽板弯曲件的配合时,这种畸变可能会影响产品的质量。当弯曲件质量要求高时,上述畸变可以采取在变形部位预做圆弧切口的方法加以防止。

4. 弯曲成形的实例

在卫星结构中为了进一步提高刚度、强度,并减小重量,将构件设计成整体壁板结构。某型号密舱门盖板结构如图4-4所示,为整体带筋网格壁板结构,弯曲半径为 $R1100$ 的柱面结构件,板厚20mm,材料选用5A06铝合金板,网格尺寸为 225.8mm × 221mm × 17.5mm(深),筋厚为5mm。

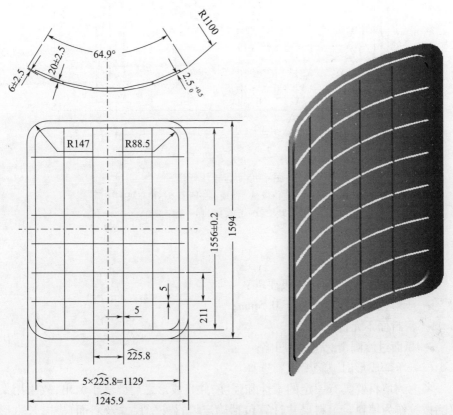

零件最大尺寸:长1594mm;弧长1245.9mm;厚度20mm;
成形尺寸:筋宽5mm;边缘厚度6mm;减轻槽底部厚度2.5mm。

图4-4 密舱门盖板结构

1) 工艺分析

厚度的不均匀性,会引起压弯加工中出现厚薄不同、受力不均现象,极易造成产品外表面网格状凹陷,严重影响零件强度及外观质量。

为克服上述缺陷,采用添加填料的成形方式进行压弯加工,使压弯过程中料厚基本一致,受力均匀,盖板压弯模如图4-5所示。

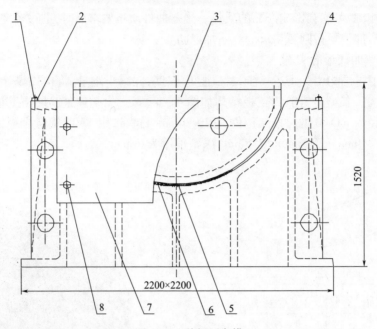

图 4-5 盖板压弯模

1—螺钉;2—定位板;3—凸模;4—凹模;5—填充块一;
6—填充块二;7—定位板1;8—固定螺钉。

2)实施措施

(1)盖板要求主要指标:

➤ 公差按 GB/T1804-f 级要求;

➤ 成形弧面圆柱度不低于 0.5mm;

➤ 密封面不允许划伤;

➤ 弧面过渡圆滑,无网状凹陷。

(2)压弯成形时减轻槽填料选择:

考虑到填料要具有一定的柔性和强度,并且成形之后要易于取出,故采用聚氨酯橡胶作为填料。填料尺寸计算包括确定填料外形尺寸及斜面尺寸,长方形橡胶元件的形状系数:

$$K = \frac{Lb}{2h(1+b)} \quad (4-1)$$

式中:L、b、h 为橡胶元件的外形尺寸,其中橡胶厚度 h 与压缩量有关,$h = \Delta h/(0.1 \sim 0.35)$。

(3)压弯模设计:

① 回弹计算。为满足厚度、半径相同,外形尺寸不同的系列舱门压弯,根据回弹计算将模具设计为柱面结构。凸模半径:

$$R = \frac{r_0}{1 + \frac{3r_0}{E\delta}} \quad (4-2)$$

② 压弯力计算。压弯力:

$$P = \frac{0.25\sigma_b B}{1000} \quad (4-3)$$

(4) 零件热校形。采用热校形工艺,即利用应力松弛原理,保证零件最终的尺寸精度。

(5) 效果。无网状凹陷,加强筋无屈服弯曲现象。压弯之后经过热校形处理,零件与模具基本贴合,工装及填料部分设计合理,各项指标及精度满足设计要求。

5. 弯曲成形工程问题

(1) 对于目前的航天器结构(材料)来说,较大一部分的结构件均可以采用弯曲成形,如空间站密封舱体壁板(图4-6)。但是对于大规格的壁板类结构件,其为内表面或外表面加筋结构,腹板较薄,这种结构件在弯曲过程中极易引起腹板和加强筋之间开裂、加强筋难以稳定成形和壁板整体精度较差,弯曲成形后的壁板无法工程应用等问题。为了克服上述的工程技术瓶颈,并提高壁板的弯曲持续性能力,需要在壁板成形的各道次之间增加一次低温退火处理,降低壁板内部的残余应力和变形抗力,从而保证壁板局部尤其是腹板和加强筋根部的塑性变形。据统计,在运载火箭、载人航天器上应用的密封壁板,在弯曲过程中需要增加的中间退火道次分别约为10次和15次。中间退火道次的增加,不仅大大增加了壁板制造成本,也影响了产品的正常生产进度。

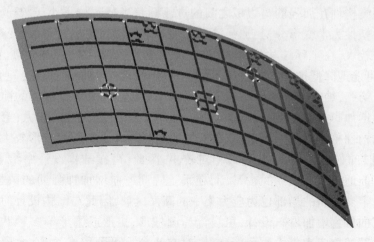

图4-6 空间站密封舱体壁板

（2）随着航天器结构技术的发展，高强铝合金（如7×××铝合金、2195铝锂合金）等未来将逐步应用于结构中，但是对于这些强度较高的铝合金来说，由于弯曲过程中塑性变形量较大，且合金在弯曲成形后需要进行搅拌摩擦焊接将二者连接为一体，这就带来了两个必须面对的工程问题：第一，合金强度较高，变形抗力较大，对于大规格的筒段、锥段、球段等来说，普通的弯曲变形无法克服材料的变形抗力，从而对弯曲设备和工装提出了非常高的要求。增加设备和工装的投入不仅会带来大规格结构件的工艺波动，同时大幅度增加制造成本和周期。第二，部分结构件后续需要通过焊接连接为一体，弯曲变形较大则变形量引起结构件内部的残条应力大大增加，导致结构在后续的贮存、焊接和运输等过程中会因释放内部残条应力而产生变形，结构件的精度下降极易造成后续的焊接无法正常进行或焊接质量下降。因此，对于高强度的合金材料来说，弯曲变形不仅在工艺技术上，同时在变形能力上均需要进一步完善和提升。

6. 面向工程问题的结构设计优化

针对弯曲成形所面临的诸如弯曲开裂、残余应力较大、变形抗力较大、精度保证困难等工程问题，在壁板类结构件的设计过程中，根据弯曲工艺特性，开展适应性的结构优化，以期降低工程应用中弯曲变形带来的结构性能不满足指标要求的风险。面向工程问题的结构设计优化主要分为以下几个方面：

1) 加强筋的结构设计优化

由于在弯曲过程中，外层材料受拉而内层材料受压，在加强筋与腹板的根部拉或压的变形量较大，该局部应力集中较为明显。因此，第一，需在结构设计时尽可能地增大加强筋与腹板之间的过渡圆角半径，降低应力集中程度，目前壁板类构件在加强筋与腹板之间的过渡圆角半径建议不小于$R3\,\mathrm{mm}$；第二，根据弹塑性力学变形分析，加强筋的高度对于筋根部的应力集中、变形趋势等影响也较大，在实际结构设计时，在保证壁板类结构件刚度满足要求的前提下，尽可能地降低加强筋的高度，目前壁板类结构件的加强筋高度一般不大于$65\,\mathrm{mm}$；第三，结合上述两种结构优化设计，在考虑结构重量指标的前提下，可适当地增加腹板的厚度，以增加结构件抗弯曲大塑性变形的能力；第四，对于壁板结构件整体弯曲变形来说，沿着弯曲的圆周方向的塑性变形较大，而垂直于圆周方向（轴向）的塑性变形相对较小，因此，可在结构设计中沿着圆周方向尽可能地减少加强筋的数量，而在垂直圆周方向增加加强筋的数量；第五，由于十字交叉筋的局部也为应力集中的高发区域，因此在结构设计时，在加强筋交叉的位置增加材料设计，可设计为圆柱形、矩形或锥形等多种凸台形式，增加局部的抗应力集中变形能力，同时在凸台上可预留螺纹孔、台阶孔等，满足结构连接的需求。

2) 焊接局部结构优化

根据弯曲成形的工艺特点,在未来结构件对高强度、高刚度金属材料的需求等前提下,弯曲成形工艺所面临的结构件成形后精度保持问题必将越来越突出。因此,在现有的弯曲成形工艺下,在结构件后续需要焊接、螺接或组合加工的位置进行结构余量设计,通过在相应的局部位置增加结构的余量,在结构件成形并外形精度相对稳定之后,采用机械加工的方式将余量去除,从而满足在结构件的局部进行后续焊接、螺接或组合加工的要求。如对于后续需要焊接的壁板类结构件来说,设计时需要留有机械加工坡口的余量。总体来说,余量的大小及趋势,需要根据弯曲成形能力、变形的包络范围、机械加工的可行性和结构设计经验进行综合考虑。

3) 材料的选择

弯曲变形属于大塑性变形范畴,材料的变形抗力对于弯曲成形的成败至关重要。为了增加弯曲成形的可行性,可通过选择变形抗力较小的材料或者选择非热处理强化的材料制备壁板类结构件,如选择5×××铝合金等。变形抗力较小的材料其弯曲成形更易于进行,能够在相同的工作量下制备更多的产品,提升生产效率。同时对弯曲成形的设备和工装要求一般,无需进行更高精度和强度的设备、工装的投入,降低生产成本。另外,选择非热处理强化的材料可使得壁板结构件在制备之后长时间的存放过程中,结构件保持相对高的精度,有利于后续的焊接、组装等过程。但材料的选择同样应以满足力学性能指标为前提。

4.2.2 拉深成形

1. 基本概念

拉深又称拉延,是利用拉深模在压力机的压力作用下,将平板坯料或空心工序件制成开口空心零件的加工方法。它是冲压基本工序之一,可以加工旋转体零件,还可加工盒形零件及其他形状复杂的薄壁零件,典型拉深零件如图4-7所示,拉深分为变薄拉深和不变薄拉深。

拉深零件的尺寸可从直径几毫米至3m,厚度为0.2~300mm,它在航空航天、船舶、兵器等军工产品以及钟表、轻工等民用产品中均有大量的应用。拉深模结构相对简单,与冲裁模比较,工作部分有较大的圆角,表面质量要求高,凸模、凹模间隙略大于板料厚度。

由于拉深零件的形状尺寸不同,毛坯在变形过程中的应力应变分布也不一样。故在确定工艺方案、工艺参数和模具设计时,应根据具体情况进行分析计算,以决定合理的毛坯尺寸和每一工步的几何尺寸、模具结构和设备型号,获得质量合格的零件。下面以圆筒形零件拉深为例,阐明拉深工艺的一般规律。

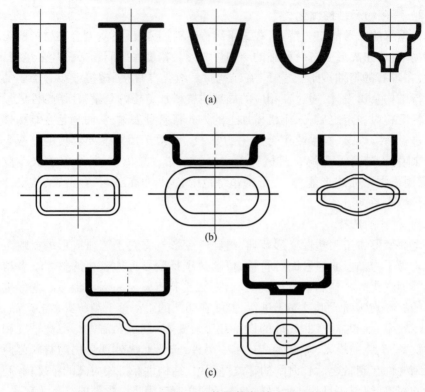

图4-7 拉深件类别
(a)轴对称旋转体拉深件;(b)盒形件;(c)不对称拉深件。

2. 拉深成形的原理

图4-8为圆筒件拉深时各区的应力应变状态。法兰区受径向拉应力和切向(圆周方向)压应力,并在径向和切向分别产生伸长和压缩变形,板厚稍有增大,在法兰外缘厚度增加最大。在凹模圆角处,材料除受径向拉深外,同时产生塑性弯曲,使板厚减小。材料离开凹模圆角后,产生反向弯曲(校直)。圆筒侧壁受轴向拉伸,为传力区。圆筒底部处于双向拉伸。在凸模圆角处,板料产生塑性弯曲和径向拉伸。

3. 拉深成形的特点

1)起皱及其防止措施

(1)起皱的原理。拉深过程中,毛坯法兰在切向压应力作用下,可能产生塑性失稳而起皱,甚至使坯料不能通过凸凹模间隙而被拉断。轻微起皱的毛坯虽可通过间隙,但会在筒壁上留下皱痕,影响零件的表面质量,如图4-9所示。起皱主要是由法兰的切向压应力超过了板料临界压应力所引起,最大切向压应力产生在毛坯法兰外缘处,起皱首先在此处开始。

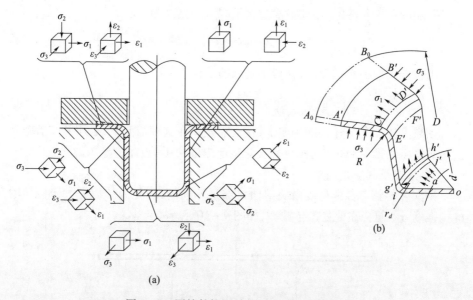

图4-8 圆筒件拉深时各区的应力应变状态

(a)拉深过程中不同位置三向应力应变状态;(b)拉深过程中圆筒件的应力分布。

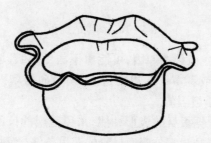

图4-9 凸缘变形区的起皱

(2) 影响起皱的因素：

① 凸缘部分材料的相对厚度为 $t/(D_f-d)$ 或 $t/(R_f-r)$，拉深时因切向应力不断增大，使起皱的趋势上升，但随着法兰外径 D_f 的不断减小和 t 增大，上式比值增大，从而提高毛坯的抗失稳能力。

② 切向压应力的大小。拉深时切向压应力的值取决于变形程度，变形程度越大，需要转移的剩余材料越多，加工硬化现象越严重，则切向压应力越大，就越容易起皱。

③ 材料的力学性能。板料的屈强比 σ_s/σ_b 小，则屈服极限小，变形区内的切向压应力也相对减小，此时板料不容易起皱。

④ 凹模工作部分的几何形状：

平端面凹模拉深时,毛坯首次拉深不起皱的条件为

$$\frac{t}{D} \geqslant (0.09 \sim 0.17)\left(1 - \frac{t}{D}\right) \quad (4-4)$$

用锥形凹模首次拉深时,材料不起皱的条件为

$$\frac{t}{D} \geqslant 0.03\left(1 - \frac{d}{D}\right) \quad (4-5)$$

如果不能满足上述公式的要求,就会起皱。在这种情况下,必须采取措施防止起皱发生。最简单的方法(也是实际生产中最常用的方法)是压边圈。

2) 开裂及其防止措施

拉深后得到工件的厚度沿底部向口部是不同的,若径向拉应力大于板料的抗拉强度 σ_b,便会在此处产生拉裂,如图 4-10 所示。

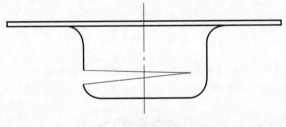

图 4-10 筒壁的拉裂

圆筒件拉深时产生破裂的原因,可能由于法兰起皱,坯料不能通过凸、凹模间隙,使径向力增大,或者由于压边力过大,使径向力增大,或者是变形程度太大,即拉深比 D/d 大于极限值。

要防止拉裂,可根据板材的成形性能,采用适当的拉深比和压边力,增加凸模的表面粗糙度,改善凸缘部分变形材料的润滑条件,合理设计模具工作部分的形状,选用拉深性能好的材料。

3) 凸耳的出现

拉深后的圆筒端部出现凸耳,一般有四个凸耳,有时是两个或六个甚至八个凸耳,产生凸耳的原因是毛坯的各向异性,它与角度的变化与 R 值的变化是一致的。在低 R 值的方向,板料变厚,筒壁高度较低;在具有高 R 值的方向,板料厚度变化不大,筒壁高度较高。

4) 残余应力

拉深后的圆筒中留有大量的残余应力。外表面为拉应力,内表面为压应力,这是由弯曲-反弯曲引起的,靠近圆筒口部最大。原因是弯曲发生在拉深后期,此处只有少量的拉伸。这种残余应力在筒壁产生弯曲扭矩,它由筒壁端部附近的轴向拉伸缩平衡。这种轴向拉伸应力的存在,会使筒壁由于应力腐蚀而开裂。

若使板料变薄,整个断面产生屈服,便可大大减少残余应力。

4. 拉深成形的实例

俯仰舱体作为某型号中的重要结构零件,对其强度与刚度有较高的要求,采用整体结构,用铝板经拉深成形为方形盒形件,其结构如图4-11所示。

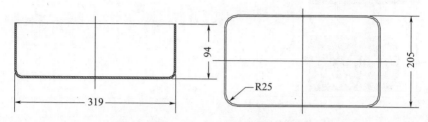

材料: 5A06M   δ=3.0mm   未注圆角: R10

图4-11 俯仰舱体结构

1) 工艺性分析

判定盒形件是否可以一次拉深成形,主要取决于毛坯的变形程度,如果毛坯的变形程度过大,拉深时传力区毛坯内部的径向拉应力就会超过侧壁材料的强度极限而产生破裂,这时必须采用多工序拉深工艺。判别能否一次拉深成形盒形件的条件:盒形件的拉深系数应大于毛坯传力区在最大拉应力状态下,不产生破裂的盒形件极限拉深系数。

对于低碳钢盒形件,其能一次制成的条件:盒形件角部圆角半径 $R = (0.05 \sim 0.2)B$(式中 B 为盒形件的短边宽度),拉深件高度 $h < (0.3 \sim 0.8)B$。

但板料的实际成形过程受到材料参数、工艺参数、板料尺寸等众多因素的影响,其中材料参数主要包括材料的拉伸强度、屈服强度、应变硬化指数、各向异性指数等,工艺方面的参数主要是指冲压速度、压边力的大小和分布、成形的润滑情况等。

考虑到5A06M铝合金具有比较强的冷作硬化能力,不能简单地套用低碳钢的成形工艺。工艺设计时,采用多次拉深,中间半成品退火,以提高产品的成功率。具体的拉深次数以及每次的成形极限可以通过试模得出。

2) 模具设计

对于此零件,采用单套模具多工步成形。模具结构如图4-12所示。

拉深成形时,首先将模具按照装配图装配妥当,并将模具安装于压力机上,其中橡胶块主要起两方面作用:一方面在分次成形中可以使卸料板与零件紧密贴合,保证零件底部平整,另一方面起在成形之后卸料的作用。采用定位板定位。

经过试模,5A06铝合金硬化现象比较严重,采用一次拉深时有拉裂现象,采用5次拉深成形取得了很好的效果,成形中间退火热处理,消除冷作硬化。

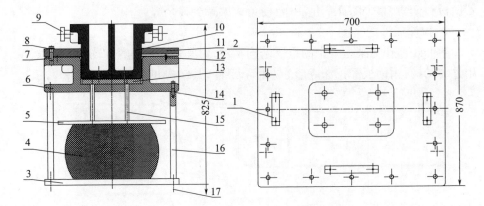

图4-12 单套模具多工步成形模具结构
1—定位板一;2—定位板二;3—底座;4—橡皮;5—垫块;6—凹模;7—螺栓;
8—垫圈;7—运输销;8—凸模;9—压边圈;10—螺钉;11—压边圈;12—螺钉;
13—卸料板;14—螺栓;15—顶杆;16—支撑板;17—螺钉。

5. 拉深成形工程问题

(1) 拉深成形对于航天器结构中部分盒形件、筒形件等的成形具有生产效率高、生产成本低等优点,但是由于航天器结构中的承载要求较高,拉深成形的盒形、筒形等结构件极易出现壁厚不均匀、局部变形量不均匀等情况,从而造成结构件的承载能力受限于变形不均匀局部或薄壁处,承载能力偏弱。而工程上面对该问题,一般情况下均采取对结构件进行加强等措施,这样不仅会带来结构的增重,同时造成结构局部冗余较多,降低整体结构技术水平。

(2) 拉深成形技术本身决定了其成形的结构件精度较低,这也是拉深成形的传统劣势。一般情况下,对于航天器结构件来说,需要在拉深成形的基础上,进行进一步的机械加工,保证结构的精度,满足后续安装设备、连接、对接等的要求。因此,拉深成形技术目前只能成形一些精度要求较低的结构件,而精度要求较高的结构件仍采用机械加工的方式制造。

6. 面向工程问题的结构设计优化

针对拉深成形过程中诸如壁厚不均匀、局部过渡减薄、精度较低等工程中所面临的问题,在盒形件、筒形件、锥形件的结构设计过程中,开展适应性的结构设计和优化,以满足该类型零件的快速、低成本制造。面向工程问题的结构设计优化主要分为以下几个方面:

1) 增大壁厚和过渡圆角半径

由于在拉深过程中,材料在压力下被迫流动,在过渡圆角处材料流动速度大幅度增加,材料减薄明显。因此,首先在结构件设计时,考虑开展结构件的变壁厚设计,在结构件拐弯或圆角处增加壁厚,这样有利于拉深成形模具设计时采用较大的模具圆角半径,从而增加材料在该处的流动性,避免该处在拉深过程中过度减薄,从而保证拉深成形后的局部厚度、满足承载要求。其次,过渡圆角半径的大小直接影响材料的流动速度和阻力,较小的圆角半径将导致材料流动受阻,从而造成已流过圆角的材料内部拉应力较大,产生局部的撕裂或破坏,因此可在对过渡位置设计时,考虑增大圆角半径,提升材料的流动效率。最后,由于拉深工艺的特性,结构设计时,应尽量避免凸台、凸起、急剧凹陷等局部结构形式的出现,应更多地采用均匀变化的尺寸、光滑的过渡、小翻边、薄翻边、无垂边等结构形式。

2) 结构件的尺寸精度设计

根据拉深成形的工艺特点,其在成形最后凸模与凹模相互贴合,从而保证结构件的型面精度。一般情况下,拉深成形结构件的内腔型面精度较高,而外表面的精度相对稍低。因此,外表面精度要求较高的结构件不适于拉深成形,而对于内腔精度要求较高的,采用传统的机械加工、精铸等工艺会带来成本高、周期长等缺点,该类结构件适于采用拉深成形。同时,在结构件设计时,可以适当地提高内腔型面精度,降低外表面的精度要求,避免带来精度超差、不合格品等。目前,拉深成形内腔的型面平面度(局部)不大于 0.5mm、同轴度不大于 0.3mm,而外形面的型面平面度一般为 1mm 以上、同轴度约 1mm。

3) 材料的选择

材料的塑性变形流动性对于拉深成形影响较大,在一定的拉深成形工艺参数下,流动性优良的材料能够成功制备某些深腔、薄壁结构件,而流动性差的材料却不可能满足要求。因此,在结构设计时,考虑尽可能选择塑性变形流动性良好的材料,如钛合金、铝合金等。另外,材料的变形抗力对于拉深成形来说,是决定局部变形容忍度的主要衡量指标之一。变形抗力过大,极易导致拉深成形过程中材料在圆角过渡处、底边等位置出现材料撕裂破坏等出现,故在结构设计时,应考虑在满足力学性能要求的前提下,尽可能选择变形抗力较小的材料。

4.2.3 翻边成形

1. 基本概念

翻边是在毛坯上预先加工孔,使孔的周围材料弯曲而竖起凸缘的冲压方法,它的作用是为了加强零件的刚度或便于连接其他零件,如图 4-13 所示。

2. 翻边成形的原理

孔的翻边成形是沿预制好的孔上来翻边,有时也可在成形件上来翻边,也可沿管子两端面来翻边。圆孔翻边时,带有圆孔的环形毛坯被压边圈压死,变形区基本上限制在凹模圆角以内,并在凸模轮廓的约束下受单向或双向拉应力作用(忽略板后方向的应力),随着凸模下降,毛坯中心的圆孔不断胀大,凸模下面的材料向侧面转移,直到完全贴靠凹模侧壁,形成直立的竖边。表4-1为各种材料的翻边系数。

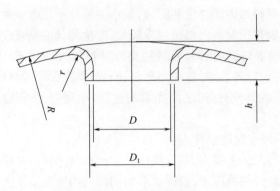

图4-13 圆孔的翻边

表4-1 各种材料的翻边系数

退火材料	翻边系数	
	K_0	K_{min}
镀锌铁板	0.70	0.65
软钢 $\delta=0.25\sim2mm$	0.72	0.68
软钢 $\delta=3\sim6mm$	0.78	0.75
黄铜 H62 $\delta=0.5\sim6mm$	0.68	0.62
纯铝 $\delta=0.5\sim5mm$	0.70	0.64
硬铝合金	0.89	0.80
钛合金 TA1(冷态)	$0.64\sim0.68$	0.55
TA1(加热300~400℃)	$0.40\sim0.50$	0.45
TA5(冷态)	$0.85\sim0.90$	0.75
TA5(加热500~600℃)	$0.70\sim0.65$	0.55

注:①表中所列数值,只适用于翻边前退火的材料。

②采用数值$K_{最小}$,仅能用于翻边后在翻边壁上容许有不大的裂痕。在一般情况下,均采用K_0数值。

1) 孔翻边的工艺性

(1) 翻边零件边缘平面的圆角半径为 $r \geq 1+1.5\delta$。

(2) 翻边的高度(包括圆角半径在内)为 $H \geq 1.5r$。

(3) 翻边时的凸缘宽度为 $B \geq H$。

(4) 翻边底孔的光洁度,直接影响零件质量,如果孔边有毛刺时,在翻边中将会发生裂纹和破口。

2) 影响圆孔翻边成形极限的因素

(1) 材料延伸率和应变硬化指数 n 大，K_0 小，则成形极限大。

(2) 孔缘无毛刺和硬化时，K_0 较小，成形极限较大。为了改善孔缘情况，可采用钻孔方法或在冲孔后进行整修，有时还可在冲孔后退火，以消除孔缘表面的硬化。为了避免毛刺降低成形极限，翻边时需将预制孔有毛刺的一侧朝向凸模放置。

(3) 用球形、锥形和抛物线凸模翻边时，孔缘会被圆滑地胀开。变形条件壁平底凸模优越。

(4) 板料相对厚度较大，K_0 越小，成形极限越大。

3) 翻边的工艺计算

(1) 平板坯料翻边的工艺计算

图 4-14 为平板坯料翻边示意图。

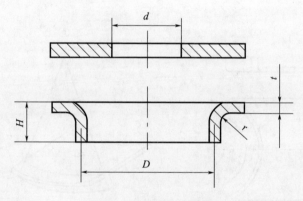

图 4-14 平板坯料翻边

预冲孔直径：
$$d = D - 2(H - 0.43r - 0.72t) \qquad (4-6)$$

竖边高度：
$$H = \frac{D-d}{2} + 0.43r + 0.72t \text{ 或 } H = \frac{D}{2}(1-K) + 0.43r + 0.72t \qquad (4-7)$$

极限高度：
$$H_{\max} = \frac{D}{2}(1 - K_{\min}) + 0.43r + 0.72t \qquad (4-8)$$

(2) 翻边力的计算

用圆柱形平底凸模翻边时，可按下式计算：
$$F = 1.1\pi(D-d)t\sigma_s \qquad (4-9)$$

用锥形或球形凸模翻边的力略小于式(4-9)计算值。

3. 翻边成形的特点

图4-15为按变形的性质分类的翻边示意图。伸长类翻边是用模具把毛坯上内凹的外边缘翻成竖边。伸长类翻边成形极限根据翻边后竖边的边缘是否发生破裂来确定。如果变形程度过大，竖边边缘的切向伸长和厚度减薄也比较大，容易发生破裂。成形过程需要采用较强的压料装置。

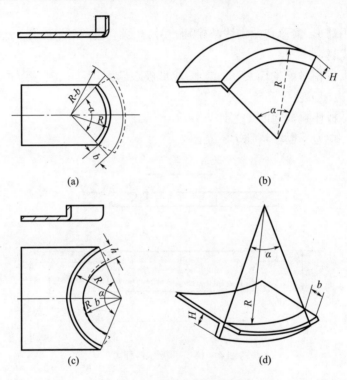

图4-15 不同类翻边示意图
(a)伸长类平面翻边;(b)伸长类曲面翻边;(c)压缩类平面翻边;(d)压缩类曲面翻边。

压缩类翻边是用模具把毛坯上外凸的外边缘翻成竖边。压缩类平面翻边，其变形区的应力和应变情况与浅拉深相似，竖边根部附近的圆角部位产生弯曲变形，而竖边的其他部位均受切向压应力作用，产生较大的压缩变形，导致材料厚度有所增大。翻孔工艺在航天产品中有大量的应用，翻孔种类主要包括：平面翻孔、柱面翻孔、锥面翻孔、球面翻孔四大类，其中曲面类翻孔又分为内翻和外翻，如图4-16所示。

4. 翻边成形的实例

前锥段蒙皮Ⅰ为"神舟"轨道舱上的重要结构件，其翻边为在一个圆锥面上向内翻一个圆孔作为对外连接的通口，翻孔后与法兰焊接。图4-17为前锥段蒙皮翻孔示意图。

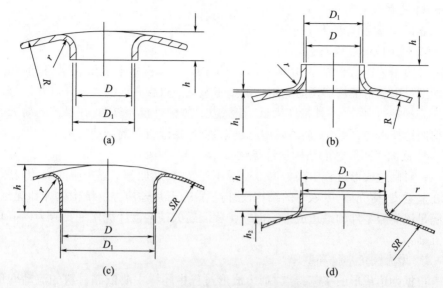

图 4-16 航天产品内翻和外翻类翻孔
(a)锥面内翻孔;(b)锥面外翻孔;(c)球面内翻孔;(d)球面外翻孔。

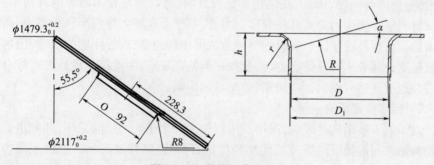

图 4-17 前锥段蒙皮翻孔

根据零件的尺寸,计算翻边前锥段蒙皮上预开孔的直径大小,预开孔直径:

$$d = D_1 - 2(H - 0.43r - 0.72t) \tag{4-10}$$

式中:d 为翻孔前预开孔直径(mm);H 为翻边总高度(mm);D_1 为翻边孔的中性层直径(mm),本例中为 92mm;R 为翻边的圆角半径(mm),本例中为 8mm;T 为材料厚度(mm),本例中为 3mm。

翻边总高度:

$$H = h + h_1 + h_2 \tag{4-11}$$

式中:h 为产品零件要求的翻孔高度(mm),本例中为 13mm;h_1 为翻边孔在 R 圆周上的弦高(mm),内翻孔时为 0;h_2 为翻边孔的切边余量(mm),范围为 1~

2mm,本实例取 1.5mm。

通过计算得到 $d=86\text{mm}$。

5. 翻边成形工程问题

翻边工艺作为蒙皮、薄壳体、壁板等结构上开口的重要成形技术,在前期的一些型号中获得了较广泛的应用。翻边工艺虽然可在一些薄壳上开口并留有焊接所需的翻边,但由于其精度太低,且翻边工艺相对较为复杂,在目前的航天器结构制造技术中,翻边工艺的应用已越来越少,逐渐被新的制造技术所取代。

6. 面向工程问题的结构设计优化

针对翻边成形过程中诸如局部壁厚不均匀、精度低等工程中所面临的问题,应在盒蒙皮、薄壳体、壁板等的结构设计过程中,开展适应性的结构设计和优化,以满足该类型零件的翻边成形。面向工程问题的结构设计优化主要分为以下几个方面:

1) 增大圆角半径和壁厚

根据翻边成形的工艺特点,翻边成形过程中同样主要依靠材料的流动变形和压力保证翻边的成功。因而,翻边过程中翻边根部的圆角半径对于翻边成形来说较为重要。由于较小的圆角半径易于导致孔的内边缘材料流动不均匀而出现褶皱、翘曲等问题,因此,在结构件的设计时,考虑采用相对较大的圆角半径,保证材料尽可能地均匀流动和变形。另外,基于上述增大圆角半径的考虑,同样地增加翻边板材的厚度也能够抑制翻边成形中褶皱、翘曲等问题的出现,但增加板材壁厚必然带来对设备能力、精度保证等的高要求,因此结构设计时需综合考虑壁厚和成形适应性、成本、周期、效率等的影响。

2) 接口位置留有余量

对于航天器结构件来说,翻边成形仅作为一个单独的中间工序,其翻边而成的结构形式一般情况均需与其他结构件进行焊接、螺接或黏接。但由于翻边成形制备的结构件局部精度较差,不能够直接满足后续连接的精度要求。因此,在结构设计时,考虑翻边成形的精度问题,需在接口位置留有一定的机械加工余量,待翻边成形后,需通过机械加工保证接口的精度,满足后续连接的要求。接口位置余量的裕度需综合考虑翻边成形的工艺性、后续连接的模式(如焊接和黏接所需的余量迥异)、结构设计经验。

3) 材料的选择

根据上述分析,在结构设计时材料一般选择流动性较好、变形抗力较低的材料,有利于翻边成形的进行。但结构的高性能又提出对材料的高性能的要求,故在结构设计时需综合考虑结构的承载要求、材料的流动性、变形抗力和工艺适应性等,总的原则为在满足结构力学性能要求的前提下,选择流动性较好、变形抗力较低且易于成形的材料。

4.2.4 钨极惰性气体保护焊(TIG 焊)

1. 基本概念

钨极惰性气体保护电弧焊是以钨棒为一个电极,以被焊工件为另一个电极,以两电极之间形成的电弧作为焊接热源,用惰性气体(氩、氦或氩与氦的混合)保护两电极之间的电弧、熔池及母材热影响区而实施电弧焊作业的一种熔化焊接方法。焊接时,保护气体从焊枪喷嘴中连续喷出,在电弧周围形成气体保护层,防止空气对钨极、熔池及热影响区的有害影响,从而获得优质的焊接接头。

2. TIG 焊的原理

TIG 焊使用的钨极有纯钨、钍钨和铈钨三种。使用的保护气体主要有氩气、氩氦混合气体和氦气三种。气体的纯度一般要求 99.99%,有些重要的焊缝要求使用纯度为 99.999% 以上的高纯气体。用氩气作为保护气体的称为钨极氩弧焊,用氦气作为保护气体的称为氦弧焊。

以操作方式划分,TIG 焊分为手工和自动两种。手工 TIG 焊通过手工操作控制焊枪的运动和填充焊丝的添加;自动 TIG 焊可以是焊枪固定工件运动,也可以是工件固定焊枪运动,其焊枪、工件的运动和填充焊丝的送进均由机械完成。图 4-18 给出了钨极惰性保护电弧焊原理图。

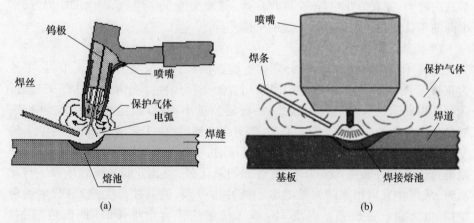

图 4-18 钨极惰性气体保护电弧焊原理
(a)手工 TIG 焊;(b)自动 TIG 焊。

由于 TIG 焊采用惰性气体作为保护气体,能有效保护熔化金属和钨极不被污染,焊接质量较高。TIG 焊电弧燃烧稳定,对工件的加热相对比较集中,焊件的变形较小。TIG 焊为明弧,易于观察操作,能进行各种位置的焊接。因此,TIG 焊广泛应用于航天产品的焊接中。

3. TIG 焊的特点

TIG 焊在实际工程应用时,存在较为明显的共性优势和劣势,这主要由其焊接的基本原理造成。主要的共性优势如下:

(1) 惰性气体不与金属发生任何化学反应,在惰性气体保护下,不需要使用焊剂就可以焊接几乎所有金属,焊接后无需清理残余熔剂或焊渣,应用面很广。

(2) 焊接工艺性能好,明弧,能观察电弧及熔池,即使在很小的焊接电流下电弧仍能稳定燃烧,特别适于焊接铝合金薄壁结构;

(3) 热源和填充焊丝可以分别控制,热输入易于调整;

(4) 由于填充焊丝不通过电流,无熔滴过渡,故电弧安静,噪声小,无金属飞溅;

(5) 交流氩弧焊时具有对母材表面氧化膜的阴极清理作用,特别有利于焊接表面易于氧化的铝、镁及其合金。

TIG 焊主要的共性缺点及其局限性如下:

(1) 熔深较浅,焊接速度较慢,钨极载流能力较低,生产效率不高;

(2) 惰性气体在焊接过程中仅仅起到保护隔离作用,因此对工件表面状态要求较高。焊件在焊前要进行表面清洗、除油、去锈等准备工作;

(3) 钨极氩弧焊受作业现场气流影响较大,不适于室外作业。

经过多年的发展,TIG 焊业已形成了适应于不同焊接工况、性能要求、焊接形式的种类,如直流 TIG 焊、交流 TIG 焊、脉冲交流 TIG 焊、变极性 TIG 焊等,而不同的 TIG 焊种类之间存在一定的个体差异。

1) 直流 TIG 焊

直流 TIG 焊有两种形式,分别为直流正接和直流反接。直流正接时,工件为正极、钨极为负极。大多种金属采用直流正接焊接。在惰性气体保护焊时,正极的发热量远大于负极。因此,钨极发热量小,可以采用较大的焊接电流;能量由工件吸收,焊缝深宽比大,生产率高。同时,由于钨极为负极,热电子的发射能力强,电弧稳定而集中。直流反接时,工件为负极、钨极为正极,正离子流高速撞击工件表面,能击碎工件表面的氧化膜,使其分解并被清理掉。与此同时,从焊件发射出来的大量的电子流冲击钨极,使其撞击生热,易产生钨极烧损,电弧稳定性较差。直流 TIG 焊无法解决铝合金焊接时"阴极清理"和"钨极烧损"之间的矛盾,因此铝合金焊接一般采用交流而不采用直流 TIG 焊。

当采用氦气保护进行铝合金焊接时,可采用直流正接。由于氦弧发热量大,电弧穿透能力强,在电弧长度很短时,它有一定的清除氧化膜的作用,可顺利地进行焊接。同时,直流正接氦弧焊比交流钨极氩弧焊熔深大、焊道窄、热影响区小,焊接接头性能优越。

2）交流 TIG 焊

为了同时兼顾阴极清理作用和两极发热量的合理分配,铝合金焊接采用交流 TIG 焊。交流电流的极性是周期性变化的,电流波形如图 4-19 所示。在每个周期里,半波相当于直流正接,另一半波相当于直流反接。正接的半波期间钨极不致过热,可承载较大的焊接电流,有利于电弧稳定,容许可焊厚度增大。反接的半波期间有阴极清理作用,可去除表面氧化膜,保证焊缝良好成形。

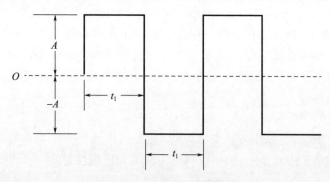

图 4-19　交流 TIG 焊电流波形

交流 TIG 焊在特性和功能上基本满足了铝及铝合金的焊接需要,其主要问题是焊接时的直流分量和电弧的稳定问题。交流 TIG 焊的直流分量是这样产生的,当正半波时,发射电子的负极为钨极,它熔点高、导热差,热电子发射容易,因此,电弧电压低,焊接电流大,导电时间长;当负半波时,因为发射电子的负极为工件,它的熔点低且尺寸大,散热快,热电子发射困难,所以电弧电压高,焊接电流小,导电时间短。这样就出现了焊接电流正负半波不对称,在交流焊接回路中出现了一个由工件流向钨极的直流分量。直流分量的存在将导致阴极清理作用的减弱,使铝合金焊接产生困难。同时,直流分量磁通将使焊接变压器铁芯饱和,工作条件恶化并使焊接电流波形畸变,影响焊接电弧的稳定燃烧。因此,直流分量必须消除。消除直流分量的方法是在焊接回路中串联电容器组,以隔绝直流分量。

在交流 TIG 焊焊接时,焊接电流正负半波交替地通过零点,电弧空间电离消失,电弧需重新引燃。重新引燃电压一般都高于燃弧电压,特别是负半波开始的瞬间,所需重新引燃电压很高,交流弧焊电源的空载电压已不能维持电弧的连续燃烧,出现了电弧稳定问题。为了维持电弧的稳定燃烧,必须采取稳弧措施。一般采用高频振荡稳弧或高压脉冲稳弧。用矩形波交流电源来替代正弦交流电源能有效地提高 TIG 焊的稳弧性。

3）脉冲 TIG 焊

脉冲 TIG 焊是目前应用较广的一种焊接方法,它用低频调制的直流或交流脉冲电流来加热工件,在工件上形成熔池,基值电流时熔池凝固并维持电弧燃烧。焊缝由许多焊点相互重叠而成,形成鱼鳞状焊缝。电弧是脉动的,有明亮和暗淡交替闪烁的现象。由于焊接电流脉冲化,焊接电流的平均有效值降低,可调参数多,便于选择合理的焊接热输入。随着脉冲频率提高可增加电弧的挺度和刚度。当脉冲电流频率高于 5kHz 时,电弧的挺度和刚度明显增大,即使焊接电流很小,电弧也会有很强的稳定性和指向性,因而有利于焊接薄件。

脉冲 TIG 焊可以对工件的热输入和熔池尺寸精确控制,提高了焊缝抗烧穿和熔池保持能力,容易得到均匀的熔深。脉冲电弧可以用较低的热输入而获得较大的熔深,可有效减小焊接变形和提高一次穿透能力。焊接过程中熔池金属冷凝快,高温停留时间短,熔池搅拌作用强,焊缝晶粒细化,能有效消除焊缝气孔,获得优质焊缝。

4) 变极性 TIG 焊

变极性 TIG 焊是采用方波交流焊接电源,两半波参数非对称可调的 TIG 焊方法,波形如图 4-20 所示,图中正极性时间 t_1 与反极性时间 t_2 可调制。

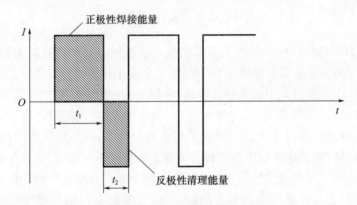

图 4-20 变极性 TIG 焊电流波形

变极性电源可以分别设置正向焊接电流、反向清理电流和清理密度。变极性区别于交流的最大特点是变极性的电源是直流而不是交流,变极性控制部分只是在程序设定的时段内将焊接电流迅速反向,并同时定义其输出的大小,使之具备反向阴极清理的功能。由于电流波形呈矩形,半波转换可瞬时完成,过零点时电流增长迅速,再引燃较容易,稳弧性能明显提高。增大负半波电流值,同时减小负半波作用时间可以增强阴极清理作用,去除工件表面氧化膜,又能减少钨极烧损,增大其载流能力。

由于电源良好的输出特性,采用变极性焊接电源进行铝合金焊接,可以获得焊接熔深大、热影响区窄、接头的强度和塑性指标高等焊接效果。图 4-21 给出了两种变极性 TIG 焊焊缝形貌。

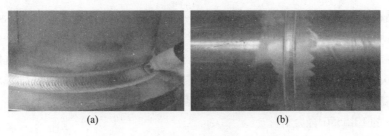

图4-21 铝合金变极性TIG焊焊缝
(a)角焊缝;(b)环焊缝。

4. TIG焊应用实例

火箭推进剂贮箱、卫星密封舱、飞船轨道舱(返回舱)等大型铝合金薄壁壳体结构均采用TIG焊工艺。大型薄壁舱体的共同特点是结构尺寸大、焊缝内部质量与漏率指标要求高、蒙皮轮廓度要求严格等。焊接的关键点主要有焊接缺陷控制、密封性能保证及焊接变形控制等。

1)燃料箱筒体搭接环缝交流TIG焊

火箭结构中,有一个5456-H343变形强化铝合金的燃料箱筒体,其内的加强环(T形挤压型材)需搭接环焊在筒壁上,搭接间隙内不得进入或残留液体介质,结构形式如图4-22所示。

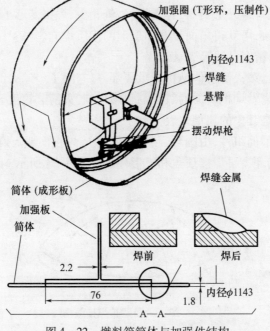

图4-22 燃料箱筒体与加强件结构

燃料筒体壁厚为 1.8mm，T 形加强环厚度为 2.2mm，筒体内径为 Φ1143mm，两者搭接环缝采用交流自动 TIG 焊方法完成。

焊接前，筒体装在精密的变位机上。焊接机头通过操作机的悬臂而伸入筒内，机头上装有可摆动的焊枪及电弧电压控制器。启动后，机头引弧，工件旋转，即可实施交流自动 TIG 焊。焊接时，采用一台 300A 方波焊接电源和直径为 0.8mm 的 ER5556 合金焊丝。

2）贮罐双人及双枪交流 TIG 焊

如一种铝合金贮罐，材料厚度 6mm 的 AlMg4.5Mn 合金，根据具体情况，决定采用双人双面同步手工交流 TIG 焊和双枪单面交流 TIG 自动焊两种焊接工艺。

（1）双人双面同步手工交流 TIG 手工焊

两名操作者分别在焊件外面和内面同步进行自下而上的手工 TIG 立焊，焊丝为 SAlMg-3，直径为 Φ4mm，表面经过化学或电化学抛光。焊接时，以焊件外面的焊枪为主导，进行有序的焊枪摆动和填丝，内面的焊枪不填丝，但其电弧始终跟踪外面焊枪的电弧中心，以加强内面保护，使外面焊缝的根部熔透，确保焊缝内面成形良好。此种双人双面同步焊接法无需坡口，间隙较大，背面无需清根理压紧的工装，故具有工艺简化、焊透性好、气孔少、变形小、工装简单的优点。

（2）双枪单面交流 TIG 自动焊

焊接机头上装有两只氩弧焊枪，其中之一为主枪，另一为副枪，副枪装在主枪前方。副枪电弧超前于主枪电弧，对工件进行逐点均匀预热和阴极清理及净化工件坡口，因此焊缝外形美观、焊透性好、气孔少、焊接变形小。在气动的琴键式夹具上装配焊接，可获得单面焊双面成形的优质焊缝。

3）火箭贮箱箱底自动钨极氩弧焊

火箭贮箱是运载火箭箭体结构的重要部段，它除了传递火箭的轴向载荷外，主要用于贮存火箭发动机所需的氧化剂和燃烧剂，火箭贮箱由壳段和箱底组成。三子级贮箱箱底是其中的典型代表。

箱底为椭球形面组件，由圆环、顶盖和叉形环焊接而成。圆环由 6~8 块瓜瓣拼焊而成，在圆环上再焊接顶盖和叉形环，如图 4-23 所示。

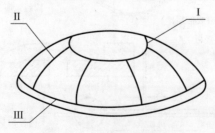

图 4-23　火箭贮箱焊接结构

箱底直径为 3000mm,材料为 2A14T6 铝合金。圆环、顶盖经钣金成形后再化铣。焊接区厚度较厚,其他部位较薄,以减轻结构重量。前底焊接区厚度为 2.5mm,后底为 3.8mm,共底为 1.6mm。在前底和后底上还焊接有多个法兰盘。对箱底焊接质量要求较高,除焊缝内部及外部质量满足技术条件外对焊缝致密性提出了很高的要求。

箱底焊接工艺装备包括有箱底拼焊自动焊接设备、圆环纵缝拼焊夹具和环焊焊接夹具。箱底自动焊接是在箱底拼焊自动焊接设备上完成。采用数控焊接设备,保证焊接设备机头以恒定的焊接速度沿椭球的理论曲线运行。同时,在任何施焊位置,焊枪始终在椭球法线方向并且垂直于地面,即焊接点处于水平位置。设备由支臂和转台组成,通过三轴联动实现圆环纵向焊缝的焊接。在上下两个切点,中心轴旋转实现圆环与叉形环、圆环与顶盖的环向焊缝焊接,如图 4-24 所示。

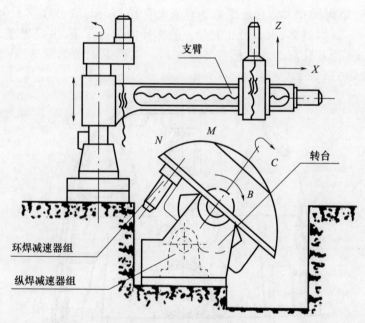

图 4-24 贮箱箱底自动焊接

圆环纵缝焊接夹具用于圆环与叉形环、圆环与顶盖两条环缝的焊接,它由模胎和环向压板组成。在外形与箱底椭球内形相同的模胎上,镶嵌有两条不锈钢垫板,圆环与顶盖的垫板为固定式的,而圆环与叉形环的垫板为活动式的,当垫板内的气囊充气时,垫板向外涨出,使环缝背面撑紧。环向压板有两套,一套用于圆环与叉形环,一套用于圆环与顶盖。

焊前清理是保证焊接质量的重要环节。箱底零件首先进行化学清理,焊前还需用干净无油的钢丝刷打磨干净。试验表明,焊前用刮刀刮削工件表面和对接端面,对消除气孔十分有效。焊丝在焊前送化学清理,要尽量避免重复化学清理,化学清理后一定要在干燥箱内烘干。焊前用碘钨灯预热焊接工装、焊接垫板,对消除气孔也有一定的效果。

箱底自动焊前一般需要定位焊,以减小焊件的变形和错缝。定位时对定位焊点要控制好,定位焊点熔不透,焊接时可能会拉裂,起不到定位作用,而且定位焊点的裂纹,会成为焊接裂纹的根源,如果定位点过大,焊接时因熔化不好,会造成未熔合。

4) 飞船返回舱侧壁金属壳体的钨极氩弧焊

飞船返回舱侧壁金属壳体为大型薄壁 5A06 铝合金焊接密封结构,是飞船结构中的关键部件。除焊缝性能质量和密封性要求较高外,舱体结构精度指标要求也较高,尤其是焊接变形需严格控制。返回舱侧壁金属壳体主要特点:① 壁厚小,结构尺寸大。总高度 1.9m,最大直径 2.5m,最小直径 1.0m,蒙皮壁厚 2mm。② 焊缝多,组合分布复杂。舱体环向焊缝 3 条,纵向焊缝 5 条,舱壁上共有 24 个开孔与法兰口框等零件焊接。飞船返回舱侧壁金属壳体结构如图 4-25 所示。

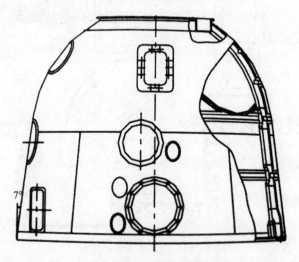

图 4-25 飞船返回舱侧壁金属壳体结构

根据现有工艺技术水平,焊接采用钨极氩弧焊方法完成。返回舱侧壁金属壳体由球段和锥段组成,舱壁开孔多,焊缝形状复杂,舱内点焊上百件桁条隔框支架等,因此焊接应力和焊接变形相互影响。焊缝区纵向应力均为高值拉应力,两侧为与之平衡的压应力。由于焊缝密集,相距太近,压应力相互叠加,造成靠近各开孔焊缝的蒙皮局部压应力较大,产生较大的失稳波浪变形。为控制整舱的焊接变形,减小焊缝残余应力,将舱体的焊接主要划分为球段组件、锥段组件及整舱三大部分,在每一部分的焊接过程中严格控制其每条焊缝的焊接变形和残余应力,减小相互间的干扰和影响,优化焊接工艺,优化各部分组焊为整体的工艺。

返回舱侧壁焊接工艺措施:

(1)焊前准备:为保证焊缝质量和减小结构焊接变形,焊前准备工作十分重要,主要包括焊口装配精度的保证,焊口表面清洁度的保证。

(2)焊接工艺方法的选择:对于2~5mm薄壁铝合金熔焊焊缝,采用填丝钨极氩弧焊方法,一次焊接,单面焊双面成形,合理选择焊接电流、焊接速度、氩气流量等参数,提高焊缝质量,减小焊接变形。

(3)焊接变形控制:针对焊接变形控制要求,将整体结构划分为不同部件焊接,采用对称焊接、分段焊接优化焊接顺序,同时采用板组件(带工装)热处理以及局部逐点挤压与风动捶击机械校形相结合的方法。

近年来,返回舱侧壁金属壳体法兰开始采用预变形自动焊方法。对于球状壳体上规则的环缝,采用五自由度焊接变位器将蒙皮法兰孔调整到水平位置焊接,由组合式预变形自动焊工装对蒙皮法兰孔实施弹性预变形,法兰孔最终尺寸由铣切装置在焊接工位进行精确铣加工,通过设置合理的预变形量实现蒙皮轮廓度的有效控制,取得了良好的应用效果。

5. TIG焊工程问题

目前的航天器结构件中已经较多地采用了TIG焊将构件连接起来,且TIG焊已经经过了长时间的发展和实际的工程应用,积累了相当多的工程经验和应对问题的措施。但是,鉴于TIG焊本身的技术特性,存在一些固有的无法彻底改变的不足之处。诸如TIG相对于真空电子束、激光焊接等来说,其焊接能量较低,焊透性较差,对于厚板的焊接存在焊不透、内部应力大等问题;另外,TIG焊的热影响区相对较大,引起焊接构件的变形也相对较大,对于整个构件来说,焊缝性能偏弱的区域也较大。最后,TIG焊的工作区域也有一定的限制,主要因为在构件的拐角、边缘、三角区域等由于无法进行充分的气体保护,TIG焊容易氧化而造成焊接质量较差。因此,对于一些构件的特殊拐角、边缘等位置,需要采用特殊的工装或其他焊接工艺进行连接。

6. 面向工程问题的结构设计优化

针对TIG焊所存在的焊透性较差、热影响区较大、局部拐角等特殊区域工艺受限等问题,在结构件的设计过程中,开展适应性的结构设计和优化,主要分为以下几个方面:

1)减少特殊位置设计

对于TIG焊来说,本身的固有工艺特性导致在拐角、边缘和三角区域等特殊位置无法实现惰性气体的全方面保护,因此在结构件的设计时,考虑在满足力学性能的前提下,尽量地减少拐角、边缘和三角区域等结构形式的出现。如在飞船壳体结构焊接时,实行不间断纵缝和环缝相结合的焊接方式,避免三角区域的出现。同时焊缝的两侧加强筋在设计时均保证距离焊缝不小于60mm,以保证焊接过程中能够实现局部的保护。对于尺寸规格较大的筒段、锥段或球段的壳体焊接时,可将整个舱体分为不同的部分进行分别焊接,待各段均纵、环缝焊接完成后,再实行筒锥焊接、筒筒焊接或者其他形式的组合焊接,尽可能减少拐角、台阶等的出现。

2) 降低焊接厚度

由于 TIG 焊接的能量相对有限,在结构件的设计时,尽可能考虑选用厚度较薄的板材,以确保焊接质量和性能。同时,针对部分厚度较大的板材焊接时,在结构上一般考虑在焊缝位置预留或预制坡口,以利于 TIG 焊接的顺利进行,同时保证焊接质量。如在火箭筒段焊接时,由于焊缝位置较厚,对局部进行了开坡口处理,保证焊缝质量和性能的前提下,提升 TIG 焊接的可行性。

3) 材料的选择

TIG 焊的热影响区较大,必然会在一定程度上降低焊缝局部区域的材料机械性能。因此,在选材时,可根据需要选择性能较高的材料,以抵消部分因为热影响而带来的材料性能下降的趋势,保证材料的承载能力。另外,一般考虑选择焊接性能优良的材料,如非热处理强化的 5××× 铝合金等,降低 TIG 焊对本体材料性能的影响。

4.2.5 熔化极惰性气体保护电弧焊(MIG 焊)

1. 基本概念

熔化极惰性气体保护电弧焊是以连续送进的焊丝为一个电极,以被焊工件为另一个电极,在惰性气体保护和两极之间电弧热的作用下,焊丝一面熔化向熔池过渡和填充,一面不断引弧和稳弧的一种电弧焊接方法。因焊丝作为电极熔化,因此该方法通常简称熔化极氩弧焊或 MIG 焊。

2. MIG 焊的原理

MIG 焊接过程原理如图 4-26 所示。焊丝电极与工件之间放电产生的电弧将焊丝加热熔化,通过熔滴过渡方式填充并成形焊缝。

由于 MIG 焊通过的电流可大大提高,因此母材金属熔深大,焊丝熔化速度快,熔敷率高,可显著地提高生产效率,适用于中等和大厚度材料的焊接。采用的保护气体为氩气、氦气、氩氦混合气体。由于 MIG 焊的焊丝既是电弧的一极,同时又作为填丝以熔滴形式过渡到熔池中,因此焊丝熔滴过渡的形式对焊接过程的稳定性十分重要。

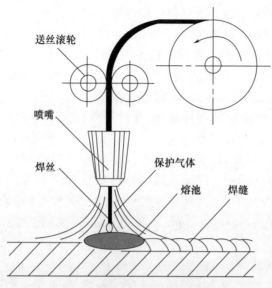

图 4-26 MIG 焊过程原理图

MIG 焊的焊丝熔滴过渡形式有短路过渡、大熔滴过渡、射流过渡、亚射流过渡和脉冲射流过渡。

(1) 短路过渡是熔滴在未脱离焊丝端头前,与熔池直接接触,电弧瞬时熄灭,焊丝端头液体金属靠短路电流所产生的电磁收缩力及液体金属的表面张力拉入熔池,随后焊丝端头与熔池分开,电弧重新引燃,为下次短路过渡作准备。

(2) 大熔滴过渡是尺寸较大的熔滴(直径大于焊丝直径)以重力加速度从焊丝端部向熔池过渡。这种过渡形式一般出现在电弧压力较大,焊接电流较小的情况下。由于这种过渡工艺所形成的焊缝易出现熔合不良、未焊透、余高过大等缺陷,因此在实际焊接中一般不用。

(3) 射流过渡是尺寸细小的熔滴(直径小于焊丝直径)以远大于重力加速度沿焊丝轴线方向向熔池过渡。这种过渡形式出现在电弧压力较大、焊接电流较大的情况下。由大滴过渡向射流过渡转变的最小电流成为射流过渡的临界电流。临界电流取决于电弧气氛、焊丝种类、焊丝直径等。

(4) 亚射流过渡是介于短路过渡与射流过渡之间的一种过渡形式。尺寸细小的熔滴以射滴形式过渡到熔池中时发生短路,然后在电磁收缩力的作用下完成过渡。这种过渡仅产生在铝及铝合金的 MIG 焊中,而且电弧电压较小。利用亚射流过渡工艺进行焊接时,电弧具有很强的固有调节作用,等速送丝设备配恒流特性的电源即可保持弧长稳定。这种过渡形式主要用于平焊及横焊位置的铝及铝合金焊接。其优点是焊缝外形及熔深非常均匀一致,可避免指状熔深。

(5) 脉冲射流过渡仅产生在脉冲 MIG 焊中,熔滴以与脉冲电流频率一致的频率有节奏地向熔池中过渡。它是射流过渡的一个变种,可在较小的平均电流下实现,适用于薄板、全位置焊接。

影响焊丝熔滴过渡的主要因素有①焊接电流,随着焊接电流的增大,熔滴过渡形式由大滴过渡向射流过渡转变,出现喷射过渡的电流值称为"临界电流"。②焊接极性,通常采用反接,即焊丝接正极,这时阳极斑点约束在焊丝端部液体金属表面,电流全部流过熔滴,此时产生较大的电磁收缩力,熔滴尺寸很小时就被强制过渡,且过渡稳定有力,轴向性强。③保护气体成分,纯氩气体中容易产生喷射过渡,即临界电流低。随着混合气体中氦气量的增大,临界电流增大。④焊丝材料和直径,不同的材料临界电流不同,焊丝直径越小,临界电流越低。⑤焊丝干伸长(从导电嘴伸出的长度),干伸长增加可增强焊丝电阻热作用,可促进熔滴过渡,降低临界电流,但过大的干伸长会软化焊丝,影响电弧的稳定。

3. MIG焊的特点

MIG焊其焊接原理与TIG焊存在一定的差异,也带来了不同于TIG焊的特点,概括地说,目前航天器结构中所用的MIG焊的共性特点如下:

1) 适用范围广

MIG焊几乎可以焊接所有的金属,特别适于铝及铝合金、钛及钛合金、低碳钢、合金钢以及不锈钢的焊接,既可焊接薄板又可焊接中等厚度和大厚度的板材,而且可以用于任意位置的焊接。

2) 生产效率高

由于以焊丝作为电极,允许使用的电流密度较高,因此MIG焊母材的熔深大,填充金属熔敷速度快,比TIG焊生产效率高。

3) 焊接过程易于实现自动化

MIG焊的电弧是明弧,焊接过程参数稳定,易于检测与控制,因此容易实现自动化。

4. MIG焊应用实例

在俄罗斯大型"能量"型火箭贮箱(材料为高强铝合金1201)的制造过程中,要求完成纵向、环向和径向的焊缝。由于导致火箭难以移动的巨大轮廓尺寸(直径为8m、长度为40m)以及必须保证焊前结构元件装配的高精度(对接处间隙为0.5mm,被焊边缘位错为1mm),因此设计了多功能台架进行垂直装配,采用熔化极脉冲弧焊以及并行焊道工艺方法成功地制造了这种大型火箭燃料罐焊接结构。

熔化极惰性气体保护电弧焊特别是熔化极脉冲氩弧焊已广泛应用于各工业部门,适用于高效焊接中大厚度铝合金结构。其焊接过程的稳定性依赖于焊接设备的可靠性。

近代的微机控制的熔化极气体保护焊接设备系统，保护逆变式焊接电源、程序控制、电弧控制、参数自调、专家系统、焊接机床等，为该方法的过程机械化、自动化、智能化提供了良好的发展前景。

5. MIG 工程问题

目前的航天器结构件中采用 MIG 焊进行连接的相对于 TIG 焊来说偏少，主要是由于 MIG 焊的焊接形式、热影响区、对结构件性能的影响等与 TIG 焊基本一致，TIG 焊存在的一些固有的工程问题（如厚板焊透性差、焊接变形量大、构件特殊局部焊接困难等），MIG 基本也存在，本节不再赘述。

6. 面向工程问题的结构设计优化

由于 MIG 焊在实际工程应用中所面临的问题与 TIG 焊基本一致，因此在结构件的设计时，主要是从减少特殊位置设计，如减少拐角、边缘、三角区域，或者采用分段焊接措施提高焊接的工艺适应性。另外，可通过在纵缝或环缝位置开坡口进行厚板的焊接、尽可能地选用薄板等保证焊接质量和性能。在材料选材方面，同样应尽可能考虑选用非热处理强化材料或高性能材料。

4.2.6 变极性等离子弧焊（VPPAW 焊）

1. 基本概念

等离子弧是由等离子枪将阴阳两极间的自由电弧经机械压缩、水冷喷嘴内壁表面冷气膜的热收缩和弧柱自身的磁收缩共同作用而形成的高温、高电离度、高能量密度及高焰流速度的压缩电弧。等离子弧焊接具有电弧挺度好、扩散角小、焊接速度快、热影响区窄、焊接应力与变形小等优点，其接头性能比一般的气体保护焊要好。

2. VPPAW 焊的原理

变极性等离子弧焊是一种针对焊接铝合金开发的高效自动焊方法，以非对称方波交流的变极性电源与等离子弧焊相结合。它综合了变极性和等离子焊的优点，其焊接电流频率、电流幅值及正负半波导通时间比例可根据工艺要求灵活、独立调节；合理分配电弧热量，在满足工件熔化和清除工件表面氧化膜需同时进行的情况下，最大限度地降低钨电极的烧损；有效利用等离子束流所具有的高能量密度、高射流速度、强电弧力的特性，在焊接过程中形成穿孔熔池；实现铝合金中厚板单面焊双面成形和双面焊自由成形。变极性等离子弧焊在国外已成功应用于航天飞机外贮箱等产品的焊接生产。

变极性等离子弧焊是专门针对铝合金焊接而开发的，能够完美地解决铝合金表面氧化膜的阴极清理和钨极烧损之间的矛盾。这种将等离子弧与变极性电源技术结合起来的焊接方法是专门针对铝合金自动焊而开发的。图 4 – 27 为变极性等离子弧穿孔立焊示意图。

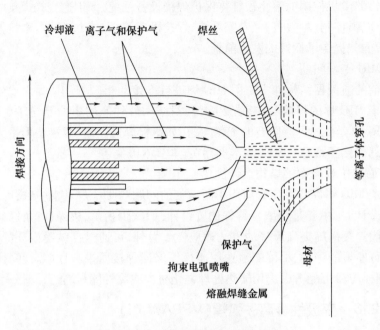

图 4-27　变极性等离子弧穿孔立焊

3. VPPAW 焊的特点

VPPAW 焊的共性特点如下：

（1）能量密度大：$10^5 \sim 10^6 \mathrm{W/cm}^2$。

（2）可焊厚度大：4.3~14mm（铝合金）。

（3）强烈的穿孔冲刷效应和对称的熔池金属流动有效消除了气孔、夹杂等固体杂质和铸造组织的方向性。

（4）一次穿透，单面焊双面自由成形。

（5）沿厚度方向温度梯度的分布比常规熔焊方法平缓，焊接效率高、焊后变形小。

（6）工艺参数稳定性要求严格，工艺区间窄。

（7）与激光焊和电子束焊相比，在设备造价、维护费用、设备操作复杂程度以及焊枪运动灵活性等方面，等离子弧焊具有明显的优势。

VPPAW 焊除了上述的共性特点外，由于受到焊接电流、离子气流量、送丝速度、钨极端磨削角度、钨极端部直径以及喷嘴到焊件的距离等影响较为明显。因而影响 VPPAW 焊的主要因素如下：

1）焊接电流

（1）预热电流、穿孔电流。预热电流和穿孔电流决定了穿孔起始阶段熔池的形状和初始穿孔的大小，它们对穿孔阶段能否过渡到正常焊接阶段有显著影响。预热电流对不同板厚铝合金焊件的影响是不同的,薄板铝合金焊件的预热电流很小,预热时间很短。穿孔电流的初始值为预热电流值,终止值为正常焊接阶段的正极性电流值。例如6mm铝合金焊件焊接时,一般预热电流为60A,预热时间为5~10s,与之相对应的穿孔时间为5~14s。在穿孔时间内,穿孔电流从60A缓升至140A。试验发现,在6mm及更小厚度的焊件焊接时,可以不需要预热阶段而直接进入穿孔阶段。

（2）正反极性电流时间及比值。研究发现,铝合金变极性等离子弧焊接时,最重要的参数是正反极性时间及其比值,如图4-28所示。对于大多数铝合金正反极性时间的最佳比例为19ms:4ms。正反极性电流幅值与板厚有关。对于6mm厚铝合金正极性电流一般为120~160A,反极性电流比正极性电流幅值大30~80A。正反极性这种比例和幅值可以很好地清理焊缝及其根部表面的氧化膜,并且在喷嘴和钨极处产生最小的热量。

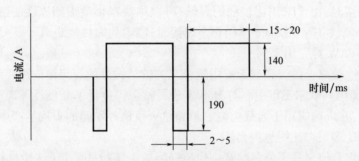

图4-28 变极性等离子弧焊接正反极性电流波形图

2) 离子气流量

在变极性等离子焊接过程中,当钨极端部形状一定时,离子气流量对电弧的压缩起主要作用。如果离子气流量过小,则电弧的压缩程度不够,电弧直径比较粗,起始穿孔不能过渡到正常焊接阶段,较大的加热面积使得焊缝周围温度很高,造成焊缝两侧熔化金属过多,形成不连续的切割,焊缝背面焊瘤十分严重。如果离子气流量过大,电弧压缩强烈,则在焊接过程中容易出现切割现象。

3) 钨极端部夹角

钨极端部夹角对电弧的收缩和离子气的流动有重要影响,从而影响到等离子弧的挺度。钨极夹角越小,位于钨极端部的等离子阴极或阳极斑点就越小,所产生的等离子射流就越强烈,电弧的动压力越大。较小的端部夹角还容易引起钨极的烧损,电极的端部熔化成球状,使得电弧的挺度和穿透力逐渐减弱,出现焊接过程中的穿孔不均匀现象。在实际焊接过程中,为了避免这种现象的发生,应在适量增大钨极端部夹角同时增大等离子气流量以改善电弧的挺度,使得电弧比较稳定，从而获得良好的焊缝成形。

4）送丝速度

送丝速度对变极性等离子弧焊缝的正面和背面成形有影响而与等离子电弧的稳定无关。在铝合金中厚板的变极性等离子弧焊接过程中，如果不填丝，由于液态铝合金熔池的表面张力作用及金属在凝固时的收缩，在焊缝背面会出现贯穿焊缝纵向很深的凹陷，焊缝正面很平，几乎与母材表面一样。随着填丝量的增加，焊缝正面的余高增加，背面的凹陷逐渐减少直至消失，背面开始出现余高，背面的焊缝宽度也同时增加。

5）喷嘴到焊件的距离

虽然等离子弧的压缩程度很高，与TIG电弧相比电弧扩张很小，但是弧柱长度的变化仍对电弧等离子流动压力影响很大，随着等离子射流离开喷嘴的距离增加，等离子射流速度迅速减小，因而电弧的穿透力也急剧下降。在6mm以下的薄板焊接时，由于采用比较细的焊丝，可以尽量减小喷嘴到焊件的距离，一般保持在4mm左右。在8mm厚铝合金焊接时，喷嘴到焊件的距离可增大到6mm。

4. VPPAW焊应用实例

变极性等离子弧焊在航天器用铝合金关键结构件的焊接中应用广泛。早在1978年，美国马歇尔飞行中心与Hobart公司就合作进行了变极性等离子弧焊接工艺开发，并成功应用于运载火箭贮箱和航天飞机外贮箱的焊接生产中，其焊接质量与TIG多层焊比明显提高。

在洛克希德·马丁公司的新一代超轻型航天飞机外贮箱（结构材料为2195铝锂合金）中，采用柔性变极性等离子弧焊工艺，在平焊位置焊接了箱体的纵缝和环缝。在国际空间站各种大型密封舱体的焊接中，变极性等离子弧焊也成为首选的熔焊方法。在美国最新的Delta Ⅳ火箭中，贮箱的环缝和封头的焊接均采用了变极性等离子弧焊接方法。图4-29给出了几种国外航天器结构变极性等离子弧焊接应用的实例。

在国内的航天器结构中，VPPAW焊接也已实现在多个型号上的成功应用。天宫一号密封舱直径为3320mm、长度为6400mm的铝合金大型密封舱体焊接结构，材料选用LF6铝合金，焊缝处壁厚为5mm，舱体焊缝数量多，密封要求高。其中环焊缝13条，纵焊缝25条，焊缝总长约300m，舱体结构如图4-30所示。

采用变极性等离子弧焊接工艺对舱体纵缝与环缝进行焊接，为了保证焊缝的内外部质量，焊前对焊缝及其附近进行化学清洗和机械清理，保证焊接装配间隙和错边量均控制在0.5mm以内。为了防止焊接过程中发生错边，纵缝焊接时使用气动琴键机构逐段压紧，环缝焊接时除了内部撑紧以外，还需采用定位焊方法进行点固，定位焊点必须打磨与接头齐平，然后再进行焊接。

图4-29 国外航天器结构变极性等离子弧焊接应用实例
(a)洛克希德·马丁公司超轻型贮箱;(b)国际空间站节点舱结构;(c)Boeing公司Delta Ⅳ火箭贮箱结构。

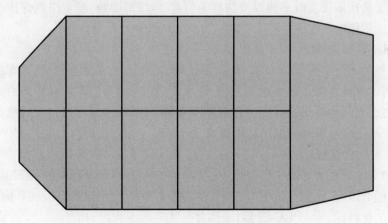

图4-30 某型号大型密封舱体结构

当进行环缝焊接时,必须采用焊接电流和等离子气流量联合递增、联合递减的控制来获得理想的小孔形成和小孔闭合效果。通过精确的起弧收弧参数控制可以获得成形美观、无缺陷的环焊缝。

5. VPPAW 焊工程问题

在现有的航天器结构件焊接中,VPPAW 焊是主要针对在结构中广泛应用的铝合金而开发的一种焊接工艺,由于其焊接能量高于 TIG 焊和 MIG 焊,因此能够焊接成形相对较厚(中板、厚板)的铝合金板材。但同样地,受限于其技术本质特性,VPPAW 焊也存在着一些固有的劣势。VPPAW 焊对于一些复杂曲面的结构件来说,由于焊枪需与焊接表面保持垂直,因而复杂曲面的结构件焊接时的焊枪作动机构的设计非常复杂,且由于焊枪与表面的位置关系变化速率较快,极易造成焊接位置不稳定,从而引起焊缝质量下降,甚至焊接失败。另外,对于厚度尺寸(一般情况下超过 10mm 厚)较大的结构件来说,VPPAW 焊由于目前的设备功率偏低,无法提供焊接厚板所需的能量,因而对于厚板焊接仍需要采用其他的焊接成形工艺。

6. 面向工程问题的结构设计优化

针对 VPPAW 焊所存在的焊枪作动机构复杂、焊接位置不稳定、厚板焊接困难等工程问题,在结构件的设计过程中,开展适应性的结构设计和优化,主要分为以下几个方面:

1)直边焊接

根据 VPPAW 焊的工艺特性,在结构件设计时,一般情况下均选择直边或直缝 VPPAW 焊成形,以避免对于焊接过程中速率过快引起的位置不稳,出现焊缝质量下降。而由于一些客观因素造成的必须采用 VPPAW 焊进行曲面焊接时,结构件一般设计为较大曲率且焊接距离相对较短,并要求在焊接过程中通过在焊枪上安装精度仪实时监测焊枪的移动位置、速率等参数,避免出现焊接质量下降和性能不稳定。

2)降低焊接厚度

当板材厚度超过 10mm 时,在结构设计时不建议考虑采用 VPPAW 焊进行焊接,可考虑其他高能量的焊接工艺模式。若客观因素不允许采用其他的焊接工艺,可考虑对结构件焊接局部进行变厚度减薄处理,在满足结构力学性能指标的前提下,尽可能地降低焊缝区域的厚度。

3)材料的选择

VPPAW 焊在实际的工程应用中,同样存在热影响区降低焊缝局部区域材料力学性能的风险,因此在选材时也主要考虑:选择力学性能较高的材料和焊接性能优良的材料,降低 VPPAW 焊对本体材料性能的不利影响。

4.3 新型制造技术

在航天器结构制造领域,不仅广泛存在一些相对传统的制造技术,同时根据结构的特殊要求和功能特点,逐步开展了一些新型的制造工艺技术的应用。新型制造技术与传统制造技术相互补充,共同完善航天器结构的制造技术体系。本节针对部分新型的制造技术的基本概念、原理、特点、应用实例和工程问题进行详细的介绍。

4.3.1 超塑成形/扩散连接(SPF/DB)技术

1. 基本概念

超塑成形技术是利用材料超塑性特性成形零件的方法;超塑性指金属材料在特定的内在条件(成分、组织和相变能力)和外在条件(温度、压力、变形速率等)下,呈现无缩颈和异常高的延伸率特性。超塑性分为细晶超塑性、相变超塑性两类,实际应用最多为前者。

超塑成形技术是金属板材在超塑性温度下,以相对小的成形力(如以气体压力为动力),使金属板材变形为所需零件的先进制造技术。超塑性通常可以有两种方法表示:

(1) 延伸率 >100%,不产生缩颈和断裂,称为该金属材料具有超塑性;

(2) 材料应变速率敏感性指数 m:$0.3 < m < 0.9$,称为该金属材料具有超塑性。

材料超塑性的本构方程为白柯芬(Backofen)方程:

$$\sigma = K\varepsilon^m \qquad (4-12)$$

式中:σ 为材料的流动应力;ε 为材料的应变速率;K 为材料常数;m 为应变速率敏感性指数。

扩散连接是把两个或两个以上的固相材料(包括中间层材料)紧压在一起,置于真空或保护气氛中加热至母材熔点以下温度,对其施加压力使连接界面微观凸凹不平处产生微观塑性变形达到紧密接触,再经保温、原子相互扩散而形成牢固的冶金结合的一种连接方法。通常把扩散连接分为两个阶段(图4-31):

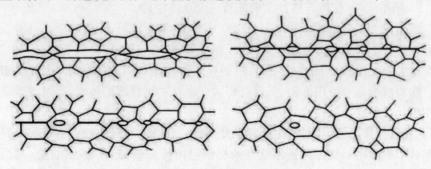

图4-31 扩散连接的阶段模型

第一阶段:塑性变形使连接界面接触。在金属紧密接触后,原子开始相互扩散并交换电子,形成金属键连接。

第二阶段:扩散、界面迁移和孔洞消失。连接界面的晶粒生长或再结晶以及晶界迁移,使金属键连接变成牢固的冶金连接。最后阶段为界面和孔洞消失。在这一阶段中主要是体积扩散,速度比较慢,通常需要几十分钟到几十小时才能使晶粒穿过界面生长,原始界面完全消失。

超塑成形/扩散连接(SPF/DB)技术是一种把超塑成形与扩散连接相结合用于制造高精度大尺寸零件的近无余量加工方法。当材料的超塑成形温度与该材料的扩散连接温度相近时,可以在一次加热、加压过程中完成超塑成形和扩散连接两道工序,从而制造出局部加强或整体加强的结构件以及构形复杂的整体结构件。如钛合金的超塑成形温度为 850~970℃,扩散连接温度为 870~1280℃,由于在超塑成形温度下也可进行扩散连接,这种只需一次加热、加压过程的 SPF/DB 工艺常见于板料的吹胀成形和扩散连接。体积成形(如超塑性模锻)与扩散连接相结合的 SPF/DB 工艺往往需要将超塑成形和扩散连接分开进行,先超塑成形后再扩散连接或者先扩散连接后再超塑成形,视具体工艺情况而定。根据 SPF 和 DB 的顺序,可将这种新工艺分为三种类型:

(1) 先 DB 后 SPF。这种方法比较适合于构件中扩散连接处较多时,该方法具有模具设计简单、操作比较方便等特点,但是在扩散连接时,需要在不用扩散的区域涂覆一层阻焊剂,涂覆阻焊剂量比较难控制,只能凭经验得到,涂覆过多过少或者涂覆得不均匀,都会影响扩散连接的效果。

(2) 先 SPF 后 DB。这种方法应用在简单的零件上比较合适,相比于上一种方法,其最大的特点就是不用涂覆阻焊剂,但是这种方法进行扩散连接的强度远远不及方法一。

(3) SPF 和 DB 同时进行。这种方法会节省很多时间,极大地提高生产效率,但是由于其对模具及工艺的要求比较苛刻,比较难以实现。

2. 超塑成形/扩散连接技术的原理

超塑成形工艺按成形介质可分为气压成形、液压成形、无模成形、无模拉拔;按原始坯料形式可以分为体积成形、板材成形、管材成形、杯突成形等。其中,在航空航天领域中,应用最为广泛的超塑成形方法是板材气压成形,也称吹塑成形。吹塑成形是一种用低能、低压获得大变形量的板料成形技术,通过设计制造专用模具在模具与板料中间形成一个封闭的压力空间,板料被加热到超塑性温度后,在气体作用下,坯料产生超塑性变形,逐渐向模具形面靠近,直至同模具完全贴合形成预定形状。具备超塑性的材料包括钛合金、铝合金、镁合金、高温合金、锌铝合金、铝锂合金等。目前超塑成形技术最广泛的应用是与扩散连接技术组合而成的超塑成形/扩散连接组合工艺技术(简称超塑成形/扩散连接技术),

利用金属材料在一个温度区间内兼具超塑性与扩散连接性的特点,一次成形出带有空间夹层结构的整体构件。按照成形构件初始毛坯数量不同可以分为单层、两层、三层、四层及多层结构形式(图4-32)。单层结构是在超塑成形零件的局部扩散连接上加强板,用以提高构件的刚度和强度。常用于制作飞机和航天器的加强板、筋和翼梁。双层结构是将 SPF 板材的外层板之间需要连接的地方保持良好的接触面,不需要连接的地方涂有隔离剂。这种结构常用于制造飞行器的口盖、舱门和翼面。多层结构在成形之前,板与板之间的适当区域应涂隔离剂。经 SPF/DB 后上下两块板形成面板,而中间层形成波纹板或隔板,起加强结构作用。这种形式适用于内部带纵横隔板的夹层结构。这些夹层结构适用于制造两侧型面都有较高要求的结构件,如飞机气道唇口、导弹翼面和发动机叶片等夹层结构。

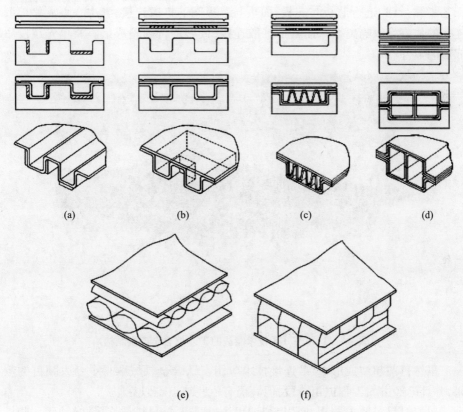

图4-32 超塑成形/扩散连接的典型结构
(a) 单层结构;(b) 双层结构;(c) 三层结构;(d) 四层结构;(e) 五层结构;(f) 六层结构。

3. 超塑成形/扩散连接的特点

超塑成形/扩散连接工艺有以下优点:

(1) 可以在一次加热、加压过程中成形大型整体结构件,极大地减少了零件和工装的数量,缩短了制造周期,降低了制造成本。

(2) 可为设计人员提供更大的自由度,设计出更合理的结构,进一步提高结构承载效率、减轻结构重量。

(3) 采用这种技术制造的结构件整体性好,材料在扩散连接后界面完全消失,使结构成为一个整体,极大地提高了结构的抗疲劳和耐腐蚀特性。

(4) 因为材料在超塑成形/扩散连接过程中可以承受很大的变形而不破裂,所以可以成形很复杂的结构件,这是用常规冷成形方法根本做不到的或需多次成形方能实现的。

图4-33给出了应用SPF/DB技术制造的四层结构,该结构具有高强度、高刚度、结构重量轻等优点,主要用在导弹翼面和发动机叶片等方面。结构的主要工艺步骤:首先进行芯板与芯板、面板与芯板间的扩散连接,其次在不需要扩散连接的地方涂以隔离剂保证其不扩散连接,最后进行超塑成形。属于先连接后成形的零件。

图4-33　SPF/DB技术制造的TC4钛合金四层结构

虽然目前超塑成形/扩散连接技术应用在钛合金领域取得了令人瞩目的效果,并且已经进入工程试用阶段,但其仍有一些缺点难以克服:

(1) 对材料要求较高,使用SPF/DB技术需要材料扩散连接性较好,一些扩散连接性能较差的材料,如高温合金多层结构,使用SPF/DB技术难以制造。

(2) 使用超塑成形/扩散连接技术制备多层结构时,其扩散连接接头的强度随着材料的不同,强度有较大差异,如某些高温合金其扩散连接接头强度仍是制约其多层结构制造的主要瓶颈;

（3）无法进行连续式批量生产；时间长，成本高；设备一次性投资较大，且连接工件的尺寸受设备的限制。

目前，SPF/DB 技术仍主要应用在钛合金方面，其他合金的多层结构 SPF/DB 技术仍应用得较少。

4. 超塑成形/扩散连接应用实例

超塑成形/扩散连接是成形先进材料的一种非常重要的技术手段。用此技术进行先进材料的成形，具有成本低、重量轻、整体性强、连接强度高（接近或等于基体强度）、无焊接缺陷、少污染等突出优点。英国从 20 世纪 80 年代初期开始，就采用钛合金制造飞机构件。应用在航空航天领域的先进材料，包括钛合金（如 Ti-6Al-4V），高强铝合金（如常 7475Al）均可通过 SPF 及 SPF/DB 技术加工出结构复杂的零件。钛合金的 SPF、SPF/DB 制件已被实际应用在航空航天构件上。

作为开展钛合金 SPF/DB 技术研究与应用最早的国家，美国有着良好的科研和生产基础。目前美国有许多家公司具有生产 SPF/DB 构件的能力，主要的有 LTV 航空和国防公司、安塔利亚技术公司、罗克韦尔国际公司、罗尔工业公司、波音公司、普惠公司等。生产的产品有 B-1B 飞机上的发动机舱门（图 4-34），CF6-80 发动机上的导流叶片，JSF 的后缘襟翼和副翼，F-15 飞机上的 70 多件 SPF/DB 结构件，F-18 战斗机上的 20 多个钛合金结构件，F-22 战斗机上的后机身铁合金 SPF/DB 隔热板，航天飞机上的钛合金多层 SPF/DB 结构热防护壁板（图 4-35）。美国道格拉斯公司还建立起了 SPF/DB 生产线，实现了对工艺过程的自动化控制。

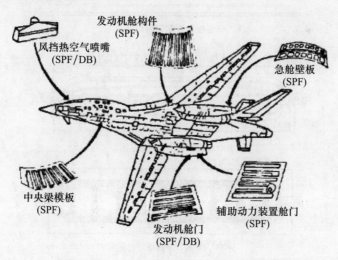

图 4-34 B-1B 飞机上的 SPF、SPF/DB 构件

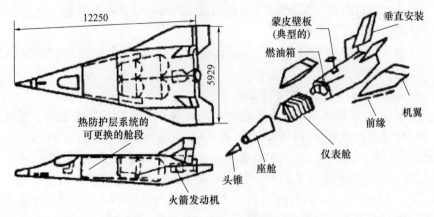

图 4-35 航天飞机上的 SPF/DB 构件

此外,SPF/DB 技术已经派生出很多其他超塑成形+连接技术来补充 SPF/DB 技术以满足工程上的需要,如超塑成形/胶黏技术(图 4-36)、多层结构的激光连接/超塑成形/扩散连接(LBW/SPF/DB)技术(图 4-37)等,其技术原理如图 4-36 所示,成形的典型结构如图 4-38 所示。

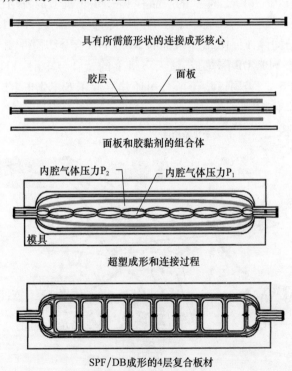

图 4-36 超塑成形/胶黏技术

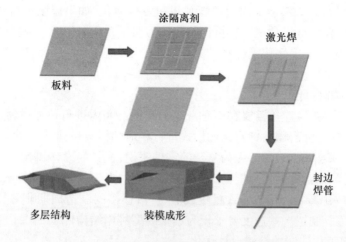

图 4-37 多层结构 LBW/SPF/DB 制造流程

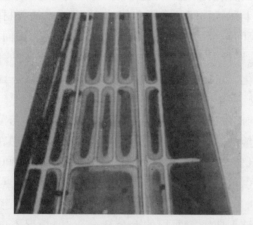

图 4-38 多层结构 LBW/SPF/DB 典型结构

5. 超塑成形/扩散连接工程问题

超塑成形/扩散连接技术因其独特的成形方式,综合利用了材料的超塑性及其在高温保压下的扩散特性,在异种材料之间形成了良好的机械结合和冶金结合界面。正如上述超塑成形/扩散原理部分所介绍,材料在超塑扩散连接过程中需要经历相对的高温高压过程,长时间的保温保压过程必然对材料的微观组织、性能等产生影响。因此,纵然超塑成形/扩散连接技术在成形(制造)部分结构件(蒙皮加筋、内腔结构)具有独特优势,但其在实际的结构件制造时仍然面临一些工程问题。

1)材料性能下降

材料扩散连接需要将材料长时间地保持在高温高压环境中,而对于材料来说,长时间的高温必然造成材料的微观组织发生演化,如果温度较高,超过了材料的再结晶温度,材料微观组织粗化趋势较为明显。一般情况下,材料的微观组织粗化在一定程度上恶化了材料的力学性能,会使制造而成的结构的承载能力受到影响。

2) 制造效率低下

超塑成形/扩散连接需要在相对密闭的腔型空间内进行块体材料(结构件)的制造,而在此之前,需要针对结构形式进行相应的模具设计、模具制造、模具调试等工作,一般情况下,对于较为复杂的零件来说,模具的设计、制造和调试等工作时间占整个结构件制造周期的2/3左右。同时,由于超塑成形/扩散需要长时间的保温和保压,综合起来导致超塑成形/扩散连接的制造周期非常长,制造效率低下,不适宜制造一些进度要求较为紧张的型号用结构件。

6. 面向工程问题的结构设计优化

超塑成形/扩散连接技术是一种优势很突出,同时劣势也较为明显的新型先进制造技术。正如上述工程问题中所介绍的,在高温高压下材料的性能降低、制造周期长、成本高等问题也一直困扰着技术的扩展应用。因而,对于某些特殊的结构件来说,在结构设计时应充分考虑超塑成形/扩散连接的优劣性,开展适应性的结构设计和优化。可以从几个方面进行考虑:

1) 增大超塑成形/扩散连接面积

根据超塑成形/扩散连接技术特征可以判断,内腔主体与蒙皮等独立连接位置越少越有利于连接的进行,因而在结构件的设计时,应考虑在满足结构件力学要求的前提下,降低蒙皮与内腔主体加强筋、凸台或凸起之间的连接位置数量,避免连接位置较多引起材料内部的变形协调性不好。另外,对于独立的连接位置,结构设计的原则为尽可能地增加内腔主体与蒙皮之间的连接面积,有利于在整个成形过程中能够形成一定面积的冶金结合,一般情况下内腔加强筋的宽度不小于3mm,蒙皮的厚度不小于1.5mm。加强筋的宽度、蒙皮的厚度还需综合考虑结构件的承载要求。

2) 降低尖角区、边缘数量

尖角区和边缘对于超塑成形/扩散连接来说,极易引起原子扩散不稳定、不彻底,局部连接质量差等问题,因此在结构件的结构设计时,考虑增大过渡圆角半径或者延长、缩短加强筋,避免筋的前后端出现尖角。另外,单个结构件尽可能选用单张蒙皮,不允许出现蒙皮拼焊或拼接的情况,避免蒙皮独立边缘较多,影响超塑成形/扩散连接的质量。对于内腔加强筋与蒙皮外边缘来说,结构设计时考虑一般均在内腔的外边缘一般采用 TIG 焊、MIG 焊等工艺将内腔与蒙皮进行焊接,避免该局部在超塑成形/扩散连接过程中漏气泄压、冶金质量不好等问题。

3) 材料的选择

超塑成形/扩散连接技术在选材时应尽可能地选择超塑性能良好、耐高温、可焊接的材料,以保证在连接过程中能够顺利地成形,且材料的性能下降有限,仍能够满足承载的要求。如在航天器结构中,实际应用的超塑成形/扩散连接一般采用钛合金、高温合金和部分的不锈钢,大部分铝合金由于其耐高温性能相对较差,超塑成形/扩散连接时选用的较少。另外,超塑成形/扩散连接在选材时应考虑内腔和蒙皮采用同种材质,若客观条件要求采用异种材料,则应查询相关的相图,选择二者固溶度较大、能够在长时间的保温保压过程中形成有效冶金结合的材料,如高温合金和不锈钢等。

4.3.2 增材制造技术

1. 基本概念

增材制造技术(additive manufacturing,AM)又称3D打印技术,基于"分层切片+逐层堆积"的思想,采用离散材料(液体、粉末、丝、片、板、块等)逐层累加原理制造实体零件,与传统的材料去除技术(如切削等)不同,增材制造是一种自下而上材料累加的制造工艺。与传统机加工和模具成形等制造工艺相比,增材制造技术将三维实体加工变为若干二维平面加工,大大降低了制造的复杂度。增材制造技术不受零件形状和结构的约束,从理论上说,任意复杂形状都可应用该技术,在无需刀具、模具的条件下快速地将设计变为现实。美国材料与试验协会(ASTM)F42国际委员会对增材制造给予了明确的定义。增材制造是依据三维CAD数据将材料连接制作物体的过程,它通常是逐层累加的过程。更广义来看,以设计数据为基础,将材料(包括液体、粉材、丝材或板材等)自动地累加起来成为实体结构的制造方法,都可视为增材制造技术。图4-39为增材制造技术与传统制造工艺的对比图。

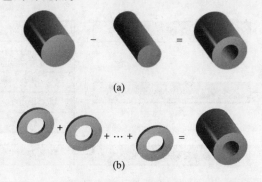

图4-39 增材制造技术与传统制造工艺的比较

(a)传统制造方式为材料去除成形或受迫成形;(b)基于"离散/叠加"思想的增材制造技术。

增材制造技术的分类方法较多,按照能量发生源的不同可分为激光束、电子束、等离子束、电弧增材制造技术;按照材料供给方式不同可分为预置材料式增材制造技术和同步供给材料式增材制造技术;按照原材料的不同可分为金属、非金属、复合材料(功能材料)增材制造技术,图4-40为按照原材料类型对增材制造技术进行分类的示意图。

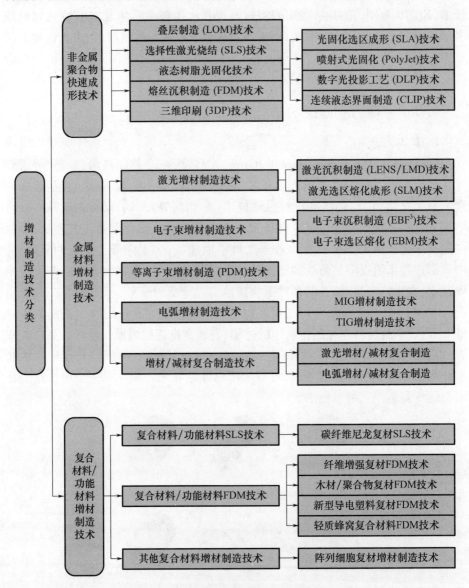

图4-40 按原材料类型对增材制造技术的分类

2. 增材制造原理

根据填充材料方式的不同,金属结构件的增材制造技术主要分为同步输送材料式(又称同步送粉(送丝)或者直接沉积制造)和预置材料式(又称选区熔化成形)两种。结合应用较为广泛的激光束和电子束两种高能束能量源,同步供给材料的增材制造技术主要包括激光熔化沉积技术(LMD)和电子束熔丝沉积技术(EBF^3)两种。预置材料式的增材制造技术主要包括激光选区熔化成形技术(SLM)和电子束选区熔化成形技术(EBM)。

1) 激光直接熔化沉积

激光熔化沉积是基于快速成形原理,采用大功率激光器熔化同步供给金属粉末,利用特制的喷嘴在沉积基板上逐层堆积而形成金属零件。利用LMD工艺成形金属件,其关键在于精确连续地供应粉末,并控制粉体熔化及凝固过程,保证熔池尺寸小且稳定,并使固液界面连续一致。而保护气氛系统作用是为防止金属粉末在激光成形过程中发生氧化,降低沉积层的表面张力,提高层与层之间的浸润性,有利于提高工作安全。LMD的实质是在计算机控制下,金属熔体三维堆积成形,特别适合高熔点金属的激光快速成形。

高能束直接熔化沉积技术采用同步送粉(送丝)方式,成形效率高,制件的尺寸大,此外该技术能用于高附加值零件的修复和梯度功能材料零件的制造,应用较为广泛。但由于该工艺不易于添加支撑材料,因此难以成形具有大悬臂特征的复杂结构件。

2) 激光选区熔化成形

激光选区熔化成形技术由选择性激光烧结技术发展而来。其工艺过程是在粉末床上铺一层粉并刮平,激光束按照一定的路径快速扫描粉末,使粉末熔化烧结在一起;然后粉末床下降一定的高度,再铺上一层粉,重复上述过程从而形成三维实体零件。由于SLM技术通过直接熔化金属粉末进行加工,而不用胶黏剂,因此其零件的致密度大大提高。对于SLM技术而言,成形关键在于对内部致密度的控制,由于金属材料在熔点附近表面张力很大,熔化时易形成球化,要解决这些问题,就要精确控制成形过程中的激光功率、光斑尺寸、扫描速度等因素。SLM技术优点是成形精度高、表面粗糙度小、可以制造非常复杂的结构件,其不足是成形尺寸小、材料沉积效率较低。

3) 电子束选区熔化技术

电子束选区熔化(EBM)是一种采用高能高速电子束选择性地轰击金属粉末,从而使粉末材料熔化成形的快速制造技术。与SLM技术类似,EBM技术的工艺过程:首先在铺粉平面上铺展一层粉末;其次,电子束在计算机的控制下按照截面轮廓进行有选择地熔化,金属粉末在电子束的轰击下熔化在一起,并与下面已成形的部分黏接,层层堆积,直至整个零件全部熔化完成;最后,去除多余的粉末便得到所需的三维产品。

3. 增材制造技术的特点

增材制造技术采用分层、叠加成形,其成形过程是一个逐层增加材料来生产零件的过程。与传统的去除材料加工技术完全不同,增材制造技术简单来讲是断层扫描的逆过程。断层扫描把零件三维实体在一定方向分割成无数叠加的片,而增材制造就是一片片的叠加,从而生成零件实体。在零件增材制造时,软件通过计算机辅助设计技术完成一系列数字"切片",并将这些切片的信息传输到增材设备上,然后通过连续的薄形层面叠加起来,直到完成实体零件成形。

激光增材制造是一项工艺性较强的技术,该技术涉及的工艺参数主要包括激光功率、扫描速度、光斑直径、送粉速率、气体成分、压力、流量等,而这些工艺参数的变化会影响成形零件的尺寸特性,如每层的厚度、每道的宽度、多道搭接时表面的平整程度等。

1)切片厚度

切片厚度也就是单层堆积厚度,在激光增材制造过程中是一个重要的参数,其大小不仅决定制造效率,而且影响能否精确控制单层堆积厚度,并直接影响零件的最终精度。实际加工过程中,几乎所有的工艺参数都会影响单层堆积厚度,最为主要的影响参数有激光功率、扫描速度、送粉量、光斑大小、离焦量和保护气体的流量。对于侧向喷嘴而言,粉末送入点也是一个重要的参数。

在激光增材过程中,固态的粉末与固态的基体材料碰撞会使粉末反弹,为此要想使粉末与基材通过相互作用结合,就必须使二者之一处于液态。在实际的激光增材过程中,基材中的液态部分即为熔池,而粉末要想变为液态,就必须在激光束中运动足够长的距离和时间。通常情况下粉末颗粒在激光束中的运动距离较短,当粉末到达基材之前并没有熔化。由于只有那些进入熔池的粉末才能与熔池共同凝固并形成涂层,因此进入熔池的粉末数量成了影响单层堆积厚度的主要因素,工艺参数对单层堆积厚度的影响可以等价于其对熔池的粉末数量的影响。研究表明,单层堆积厚度随着送粉量的增加而线性增加,并随扫描速度的提高而下降,主要原因就是单位时间内进入熔池的粉末数量随送粉量的增加而线性增加,随扫描速度的提高而减少。扫描光斑越大,单层堆积厚度越大,激光功率越大,单层堆积厚度越大。激光功率对单层堆积厚度的影响较为复杂:一方面,激光功率越大,所形成的熔池面积越大,就会有更多的粉末进入熔池,这有利于提高单层堆积厚度;另一方面,当激光功率太大时,会使熔池深度增大,当液态金属的表面张力无法与重力平衡时将沿两侧向下流,直至熔池变宽变浅,使二者重新达到平衡状态,这样实际的单层堆积厚度将会变小。情况严重时甚至会导致熔池高度变形从而严重影响成形精度。光斑尺寸大小对单层堆积厚度的影响规律较为简单,由于尺寸的光斑更易于形成大尺寸的熔池,进入熔池的粉末就越多,因而单层堆积厚度也越大。但光斑太大会显著降低激光功率密度,易产生黏粉、孔洞、结合强度下降等一系列缺陷。

2) 单道熔覆宽度

单道熔覆宽度是另一个在激光成形技术中较为重要的参数,其主要受光斑大小、激光功率和扫描速度三个因素的影响。单道熔覆宽度主要受激光熔池宽度的制约,尤其是熔覆第一层时在基材上形成的熔池宽度的制约,而对激光熔池宽度影响最为明显的工艺参数正是光斑大小、激光功率和扫描速度。单道熔覆宽度随激光功率的提高而增大,随扫描速度的提高而减小。一方面,尺寸大的光斑能够增大材料受激光的辐照面积,有利于形成较大的熔池从而增大单道熔池宽度;另一方面,光斑尺寸增大后激光功率密度迅速降低,导致熔池尺寸缩小并减小单道熔覆宽度。而且光斑大小对单道熔覆宽度的影响往往与激光功率和扫描速度密切相关,这导致其影响规律更加复杂。

3) 搭接率

搭接率的高低直接影响成形表面的宏观平整程度。搭接率选择不好将导致成形表面出现宏观倾斜角度,导致各熔覆道直接的激光功率密度、光斑大小等参数不再一致,成形表面的尺寸精度将很难保证,严重时甚至会导致成形过程无法按照程序所设定的进行。如果搭接率太低,相邻熔覆道之间有一条明显的凹陷区,容易导致两层熔覆层之间形成孔洞等缺陷,并造成熔覆层开裂,影响零件性能。搭接率太高,后一熔覆道高于前一熔覆道,整个熔覆层的表面会呈现斜坡状,在进行下一层熔覆时,其倾斜角度将增大,最终导致成形表面的尺寸精度完全无法保证。因此,合理的搭接率是零件成形质量的有力保障。

4) 扫描速度

对于侧向送粉系统而言,受扫描速度方向影响最大的是成形件外形。由于水平面内任意方向的速度均可分解为两个互相垂直的分量,因此,只需要分析四个扫描速度方向对成形件外形的影响,就可以借此分析各个方向的扫描速度对成形件外形的影响。这四个扫描速度方向依次与粉末流速度在水平面投影之间的夹角 θ 为 $0°$、$90°$、$180°$、$270°$。

当扫描速度、激光束轴线和粉末流轴线处于同一垂直平面内(θ 为 $0°$ 和 $180°$)时,涂层整体与基材垂直。当 θ 为 $180°$ 时,涂层的表面和两端平整,整体形状规则;当 θ 为 $0°$ 时,涂层的尾部会出现一个斜坡。出现这种情况的原因是两种角度条件下的熔池形状不同。当 θ 为 $0°$ 时,液态熔池在粉末流和气流的压力作用下沿基材表面铺展,这样熔池前端为一个较为平缓的弧形斜坡,激光停止照射后,熔池迅速凝固,粉末无法将斜坡补平而使之保留下来,这样经过逐层累积就形成了尾部的斜坡(大功率情况下更为明显);而当 θ 为 180°时,熔池前端的液态金属在粉末流和气流的作用下收缩,前端的弧形面相比 θ 为 0°时要陡得多,这样当激光停止照射熔池快速凝固时,粉末能较为容易地将斜坡补平,从而获得两端平整的涂层。

当 θ 为 90°和 270°时,熔覆层顶部整体较平,但随着熔覆层数的增加,熔覆层会逐渐向喷嘴的方向倾斜。这是因为涂层顶部形状为弧形,当 θ 为 90°和 270°时,粉末只能从涂层的一侧送入熔池,造成粉末在一侧堆积,而另一侧几乎没有粉末堆积的情况,从而逐渐使涂层向喷嘴方向倾斜,并且熔覆宽度和厚度逐渐变小。如果此时对光源位置不进行调整,经过一定层数的堆积后,由于粉末送入点完全偏离熔池而致使涂层厚度不再增加。

除了堆积方向的偏差外,当扫描速度方向发生变化时,侧向送粉喷嘴的粉末堆积厚度也会发生变化,主要是由于粉斑与光斑的重合面积发生了变化。由于激光熔覆熔池形状不对称,因此,当扫描速度方向发生变化时,粉斑与熔池的重合部分的形状就发生了变化,进入熔池的粉末数量也改变了,因而堆积厚度也发生了变化。可见,扫描速度方向的变化不仅会改变堆积的形状,也会改变堆积的厚度。

当 θ 为其他数值时,涂层的形状将是上述四种情况中相关两种的组合。可见,要采用侧向送粉系统达到成形任意形状的目的,就必须使 θ 保持不变,这样就要求粉末流的方向随着激光束扫描方向的变化而变化。

5) 功率控制

在激光快速成形过程中,随着堆积层数的增加,激光束的能量不断通过涂层输入到材料中,如果没有温度控制措施,如水冷、气冷等冷却手段,材料内部的温度将逐渐升高。与此同时,材料内部的热量传输过程也在发生变化。在最初的几层中,熔池距离基材很近,激光能量能够迅速地被基材吸收并传递出去,因此,在沉积最初几层材料时,基材的温度呈上升趋势。在成形过程中,基材内部的温度呈现出近似周期性变化的特点,而且在最初的几层堆积过程中,最高温度和最低温度均呈上升趋势,表明有大量的激光能量进入基材使之升温。从第三层开始,各点在每一次熔覆循环中的温度最高值逐渐下降,并且出现温度最高值的时间逐渐后移,而温度最低值仍保持上升趋势,但上升速度逐渐减缓。这是由于随着熔覆层数的增加,热源——激光光斑——离基材越来越远,其能量主要通过涂层传递给基材,因而不仅其温度的最高值逐渐下降,而且温度最高值出现的时间也逐渐后移,但出于激光能量仍然不断通过涂层向基材传递,而基材只能依靠与周围空气的对流和辐射换热来散发热量,因而其温度的最低值呈现缓慢上升的趋势。到一定层数后，基材中的温度基本上呈现出较为规律的周期变化。

为避免上述情况的发生，就需要对成形过程的工艺参数进行调整。通常的做法是在最初几层采用功率逐渐下降的方法，即第一层的功率大于第二层，第二层的功率大于第三层，以此类推。经过一定层数（即激光能量的输入与材料的散热之间达到动态平衡）后再将功率固定下来。当然，通过逐渐增大扫描速度的方法也能达到相同的效果，但由于扫描速度对堆积厚度有非常显著的影响，因此改变扫描速度将导致各层堆积厚度之间不一致，为确定抬升高度增加难度。因此，一般情况下以调整激光功率为主。

6）辅助支撑结构

理论上，成形零件具有悬臂结构时，数控系统必须具有 5 个以上的自由度。在实际成形过程中，只要零件结构倾斜角度不超过设备的理论成形角度，是可以通过平面堆积生成倾斜角度的，但当倾斜角度超过设备理论成形角度时，除了采用 5 个自由度设备加工外，可以通过增加辅助工艺支撑的方式来实现零件的生成。

辅助支撑的设计，应当在实现零件成形时尽量少地设置支撑，而且为了避免增加过多的后续加工量，支撑结构应当简单易去除。在非金属 FDM 成形过程中，一般都需要对悬臂部分进行支撑设计，但这些支撑结构往往不容易清除，锉刀和砂纸容易破坏零件表面。因此除了 ABS 和 PLA，一种水溶性 PVA，可用在双喷头增材制造设备上。一个喷头接 ABS 或 PLA 耗材作为打印主体材料，另一个喷头接 PVA 或其他耗材作为支撑材料。由于 PVA 特殊的水溶性，可作为成形过程中的支撑材料来使用，成形完毕在水基清洗剂中进行溶解，不仅满足成形过程需要，而且方便可行。美国 Stratasys 公司在其产品 Fortus 400MC 中采用了该技术。

4. 增材制造技术应用实例

增材制造技术在国内经历了近 20 年的发展，目前其在复杂构件制造领域的便利性和技术适应性已逐渐被国内研究学者和应用单位所认可，增材制造构件已经越来越多地应用于工业、医学、电子等领域。目前，在国内航天器结构中，增材制造主要应用于支架类、角盒类、舱体类等典型构件。如运载火箭某管路支架（图 4-41），通过基于增材制造技术的结构设计和优化之后，采用铝镁钪锆高强铝合金粉末增材制造而成的管路支架重量相较于原来减少约 34%。某卫星用动量轮支架采用增材制造重新结构设计和优化后，实现减重约 40%，相变板实现减重约 42%，如图 4-42 和图 4-43 所示。基于此明显的减重效果，增材制造技术已成功应用于我国重大深空探测型号结构中。

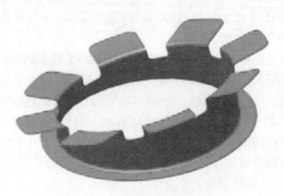

图4-41　运载火箭管路支架模型

图4-42　基于增材制造的卫星动量轮支架结构优化后模型

图4-43　增材制造的卫星用相变板

5. 增材制造技术工程问题

综上来看,增材制造技术已经在航天器的部分结构中实现了工程应用,应用的对象从次承力的角盒、支架,到相变板等功能件,拓展延伸到重大型号的舱体结构。某些型号中的成功应用标志着增材制造技术在制造部分结构方面独特的优势,但优势与劣势并存,增材制造技术在制造航天器结构方面也存在着诸多的工程问题。

1)失效机理不清晰

增材制造因其本质的技术属性,造成其所制造的构件的内部组织与传统的塑性加工而成的构件不一样,而这种增材制造典型组织在长时间的承载、空间环境辐射等过程中的微观组织破坏模式尚不清晰,周期性承载造成的疲劳、裂纹的扩展和晶粒的演化趋势与速度等对构件承载能力的影响均需要进一步的深入研究。

2)大规格构件制造困难

航天器某些大规格构件采用增材制造技术制造困难,主要原因是大规格构件的增材制造需要大规格的增材制造设备,而大规格甚至超大规格的增材制造设备尚在研发过程中。另外,在增材制造大规格构件的过程中,由于构件内部应力随着堆积层数的增加而逐渐升高,因此在增材制造中间过程需要对构件进行退火等热处理,而这无疑增加了增材制造设备的设计和制造难度,同时大规格增材制造构件的热处理工艺也需要开展大量的研究工作。

3)成本和周期偏高

目前国内航天器所用的增材制造构件大部分为增材制造出初步的构件形状,再通过机械加工制备精度满足要求的结构件。这无疑增加结构件制造的成本和周期,而同时弱化了增材制造技术所带来的生产效率提高的优点。因此,增材制造在成本和周期方面急需开展降本提效的研究与拓展,为后续更大范围的应用提供关键支撑。

6. 面向工程问题的结构设计优化

针对增材制造技术的诸如大规格结构件制造困难、失效机理不清晰和成本高等工程问题,在结构件的设计时,需进行综合考虑,主要开展以下几个方面的分析:

1)增材制造工艺的适应性考虑

第一,由于增材制造制备的结构件相比于锻件、铸件等来说,其失效机理不清晰,因而其主要应用于传力路径清晰、承载小、维型作用的次承力结构中,在主承力结构或传力路径非常复杂的局部结构中,目前不建议采用增材制造结构。第二,增材制造适应于制备复杂的小规格结构件,结构件的内部可设计为局部筋、凸台、变厚度等形式,但对于较大规格的结构件,目前不建议采用增材制造技术进行结构件制备。第三,对于热处理区间较窄、对热处理敏感的材料,目前不建议采用增材制造技术进行结构件的制备。

2）减少凸台、尖角数量，降低壁厚

对于增材制造技术来说，在结构设计时应考虑减少局部圆形、方形等大尺寸凸台的数量，避免局部尖角的出现，一般可将大尺寸的凸台设计为变直径或台阶式的结构形式，尖角或锐角局部一般设计为光滑过渡或钝角的结构形式，避免增材制造过程中因局部的热应力较大，造成结构件在局部的开裂。另外，结构件的壁厚应适中，不可过大也不可过小，根据目前国内的增材制造技术水平，最小壁厚建议不小于2mm，最大壁厚建议不大于15mm。

3）材料的选择

增材制造技术适用的材料范围较窄，目前能够选用的基本为TC4等钛合金、AlSi10Mg铝合金、AlMgScZr高强铝合金等，国内目前正在研究开发基于镁合金、复合材料等材料的增材制造技术，但对于结构设计来说，建议选择相对成熟可靠的材料。

4.3.3 电磁辅助成形技术

1. 基本概念

电磁成形技术的研究始于20世纪60年代的美国。随着科学技术的进步和制造业发展的要求，电磁成形技术逐渐发展成为制造业中的一种新型金属塑性加工方法，它利用瞬间的高压脉冲磁场迫使金属产生塑性变形来达到成形金属零件的目的。从加工方法上分析，电磁成形加工属于高能率加工的范畴。

电磁成形理论研究包括磁场力分析和冲击力作用下坯料的变形分析，这两部分是相辅相成、相互作用的。它涉及电磁学、电动力学、塑性动力学等多学科内容。而且电动力学过程与塑性动力学过程都相当复杂，尤其是成形过程中电磁学过程与动力学过程交互影响，使得理论研究困难重重。目前，关于磁场力研究的文献较少，大多数是针对冲击力作用下材料变形和性能的研究。电磁成形相关的理论研究尚不能完全揭示其成形机理，也不能有效地指导工程设计，以至于许多工艺参数必须依靠试验和经验来确定。

2. 电磁成形原理

就设备而言，电磁成形机是一台脉冲大电流发生器。可以说，电磁成形工艺是脉冲大电流技术在金属压力加工领域中的应用，电磁成形示意图如图4-44所示。普通市电通过升压变压器7升压，经整流元件1整流为高压脉动直流，再经限流电阻2对脉冲电容器组6充电，到达设定电压后停止充电。需要放电时，闭合高压开关3，脉冲电容器组6与成形线圈5形成LC振荡回路，线圈上流过瞬时强脉冲电流，在线圈周围建立起强脉冲磁场，利用该磁场实现对金属坯料4的成形加工。

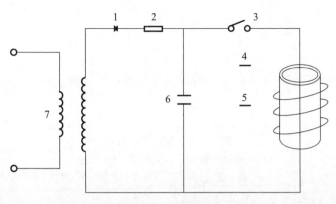

图 4-44　电磁成形
1—整流元件;2—限流电阻;3—高压开关;4—金属坯料;
5—成形线圈;6—脉冲电容器组;7—升压变压器。

电磁成形时毛坯发生变形的基本原理:储能电容器对电感线圈放电产生高强度脉冲电流,形成脉冲磁场,在金属坯料中产生感应电流(涡流)。涡流与线圈电流形成的磁场线性叠加,产生脉冲磁场力。当脉冲压力超过坯料的屈服极限时,坯料将发生塑性变形。采用电磁成形工艺时,坯料要满足两个条件:①直接成形坯料应当具有良好的导电性能,对于电阻率较高的坯料,可在坯料和线圈之间放置一个低电阻率材料(铜或铝)制成的驱动器;②坯料的几何形状应保证电流可在其内部流通,如果是管状坯料,管壁不能有开缝。电磁成形原理如图4-45所示,图4-45(a)中螺线管线圈3内所置为绝缘体5,由于绝缘体不存在电磁感应现象,线圈周围的强脉冲磁场不发生变化。当螺线管线圈3内放置金属坯料6时,如图4-45(b)所示,由于电磁感应,坯料6上将会产生一感应电流(涡流),其方向与螺线管线圈3中的电流方向相反。这一感应电流所产生的反向磁通穿过坯料6迫使磁力线4密集于螺线管线圈3和坯料6间的间隙内。由于密集的磁力线4具有扩张的特性,因而坯料外表面各部分都受到一个沿径向向内的冲击压力。当冲击压力值达到坯料材料的屈服应力时,坯料6便产生压缩变形。电磁成形原理也可以用放置在磁场中的电流受到洛伦兹力这一物理现象来加以解释。若将线圈3置于坯料6的内部,则坯料将由于受到径向向外压力而发生胀形。换用不同结构的线圈,便能对不同尺寸的金属毛坯进行塑性加工。

电磁成形实际应用中,经常采用集磁器来控制磁场分布并保护成形线圈不受损坏。集磁器在使用中承担了绝大部分的磁场力,可保护成形线圈不受损坏,但使用集磁器的缺点是能量利用率低。

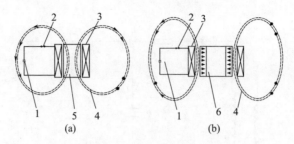

图 4-45 电磁成形原理
(a)线圈内放绝缘体;(b)线圈内放金属坯料。
1—脉冲电容器;2—高压开关;3—螺线管线圈;4—磁力线;5—绝缘体;6—坯料。

3. 电磁成形加工的特点

电磁成形具有许多显著的优点,非常适用某些特殊零件的生产,电磁成形的主要优越性:

(1)可以很方便地实现高速成形,每分钟可工作数百次,具有与普通冲压加工相近似的生产效率。

(2)可以方便地实现各种工艺参数和成形过程的控制,所以容易实现生产过程的机械化和自动化。

(3)由于电磁成形工艺不产生摩擦,无需润滑剂,也就省去了后续的清理工序,因此,对生产环境没有特殊要求,不会造成环境的污染和危害,可以在普通的金属加工厂内应用。

(4)电磁成形机没有运动部分,维护工作十分简单,也不会出现机械压力机因使用不当而出现的超载损坏等问题。

(5)电磁成形工艺装备及模具十分简单,只需一个凸模或凹模即可实现加工,所以模具及工装的费用低。

(6)电磁成形可以实现金属和非金属的连接和装配,对装配前的零件加工精度无特殊要求,并且不必担心非金属装配零件的损坏。

(7)由于电磁成形时,毛坯的变形不是由刚体模具的外力,而是由电磁力(体积力)引起的,因此,毛坯的表面不受损伤,可以将表面抛光工序等安排在成形加工和装配之前,而且可以减轻因刚体模具引起的局部过度变薄。另外,因为磁场可以穿透非金属材料,所以可以加工有非金属涂层或放在容器内的工件。

(8)电磁成形工艺适用于加工铜、铝和低碳钢等良导体材料,对导电性能差的材料则加工效率低,但可以利用良导体做驱动片对这类材料进行间接加工,或采用特制的高频率机器。

(9)电磁成形的零件精度高,残余应力低,尺寸稳定性好,有利于提高产品的质量和使用寿命。

（10）电磁成形过程中，在脉冲压力作用下，工件获得很大的加速度，可以大幅度提高材料的成形极限。

4. 电磁成形技术应用实例

电磁成形技术主要应用于航空航天、兵器、汽车制造及电子等领域，如大型构件的精密校形、膜片无毛刺冲裁、异型管的加工、复杂外形管件加工、飞机操纵杆的连接、核燃料棒的成形、核废料容器的密封等。在汽车制造业中，正在兴起的冲压—电磁成形复合工艺可以大幅提高铝合金覆盖件的成形极限和精度。另外，超大型电磁成形设备已被用于火箭上燃料室零件的生产以及飞行器气体涡轮发动机热交换胎的连接。

电磁成形可广泛应用于管坯的胀形、缩径、冲孔、翻边和连接，板材冲裁、压印和成形，组装件的装配，粉末压实，电磁铆接及放射性物质的封存等，对一些特殊零件是优先选用的方法。

（1）管坯胀形。管坯胀形是电磁成形中应用较多的工艺方法，主要有管坯的胀形、冲侧孔及其翻边、校形、管端翻边、扩口及异形管成形等。电磁成形时，因为管坯的变形速度快，变形分布均匀，而且变形硬化不显著，所以材料的成形性得以提高。与静态冲压相比，电磁成形方法可以使胀形系数提高30%～70%。由于研究表明，改变胀形线圈结构，就会改变磁场力的分布，从而可以控制坯料的外形。因此，采用异形线圈胀形可以实现控制磁场力的分布并进而实现无模成形。

（2）管坯缩径。当线圈外置时，很容易实现对管坯的缩径变形。应用该工艺可实现管坯的局部缩径、管端的缩口等。外置线圈的连接工艺，就管坯的变形性质来说，也是缩径变形。由于电磁缩径成形与常规冲压成形一样，其成形极限主要受管坯失稳起皱限制，因此，防皱和消皱是管坯缩径需要解决的关键技术。

带芯轴的缩径工艺是预防起皱的有效方法。利用钢质芯轴可以显著地提高成形极限。因为芯轴防皱的机理是管坯在电磁力的作用下向芯轴冲击时对起皱部分校平，因此芯轴的尺寸不能太小并且要适当润滑，以便变形过程中金属的纵向流动。

（3）平板毛坯成形。平板毛坯成形可分为自由成形和有模成形两种形式。自由成形主要用于精度要求不高的锥形件成形；有模成形常用于压印、压凹、曲面零件成形和冲裁等。由于平板毛坯磁脉冲力分布不均匀，因此影响成形质量。一般，自由成形零件的外形难控制，而有模成形存在零件贴模性差的问题。

（4）电磁冲裁。电磁冲裁时，磁场力使驱动片向下运动压迫弹性介质，使工件在模具作用下实现高精度冲裁。电磁冲裁与普通冲裁相比，成形设备、模具简单易用，成形效率高，工件的断面平整光滑、无圆角，几乎没有毛刺。因而，电磁冲裁要优于普通冲裁，如果能将其实际应用在工业生产中必将带来巨大的经济效益。

（5）电磁铆接。电磁铆接是从平板电磁成形技术基础上发展起来的一种铆接工艺方法。当充电的高电压电容向线圈放电时，驱动器受电磁力作用而挤压铆钉，铆钉两端同时受冲击压力而在很短的时间内产生塑性变形，将不同材质的板料铆接在一起。

电磁铆接冲击加载速率高、应变率大，材料的变形方式不同于压铆等准静态加载。目前，国内虽然已经开发了高电压电磁铆接设备和低电压电磁铆接设备，但实际的工艺应用还很少。

（6）粉末压实。粉末压制成形技术是一种机械零件先进制造技术，目前全世界汽车工业用粉末冶金零件占其总产量的70%~80%，优化和发展粉末冶金压制工艺和模具设计已成为粉末冶金工业发展的研究热点。在能量控制与成形效率方面，电磁粉末压实优于其他粉末成形方法，该工艺有可能成为一种既能得到较高压实密度制品，同时又能最大限度地减小成分偏析和晶粒长大等不利影响的粉末压实方法，在纳米粉末成形中具有广阔的应用前景。

（7）电磁校形。电磁校形是管件电磁胀形的一种应用，主要用于提高管件圆度。因为电磁校形是高速非接触加工且工装简单，因此，工件的残余应力、回弹小，表面质量高，生产周期短，单件成本低。

（8）连接工艺。连接是电磁成形的主要应用之一，利用电磁成形技术可实现管－杆、管－管、管－板的连接，不但可用于金属（包括异种金属）之间的连接，而且可用于金属与玻璃、金属与陶瓷及金属与橡胶软管之间的连接装配。电磁连接方法工装简单，与零件无机械接触，不损伤零件的表面，加工能量可准确控制，能实现零件的精密连接装配。对于一些特殊的零件电磁连接是优先选用甚至是唯一可采用的工艺方法。

（9）复合工艺。高速成形技术的一个潜在的、大的应用是在铝合金轿车车身的制造方面。因为当用普通冲压工艺以低速变形（或准静态）加工铝合金时，由于其成形极限远低于钢，在高应变区极易产生撕裂；其刚度低，容易产生回弹，零件在卸载之后产生扭曲，因此大大降低了尺寸精度。所以，使用常规的冲压工艺很难对铝合金进行精确加工。

目前，一种解决铝合金汽车覆盖件成形问题的可行的方法是采用复合工艺。这种方法把传统的冲压成形和局部电磁成形结合在一起。进行复合加工时，首先采用普通冲压的方法对工件进行最大限度地预成形，成形工件中易成形的部分；然后，采用嵌入到模具中的线圈对预成形工件上的尖角、复杂形状和尺寸精度高的部位进行最终成形，整个变形过程在压力机的一次行程中完成，大大提高了零件的加工精度。

5. 电磁成形技术展望

电磁成形技术与其他成形工艺方法相比有很多优点,如生产条件好、无污染、便于组织生产、易于实现机械自动化、生产效率高等。尤其对于一些特殊零件,电磁成形几乎是唯一可以选用的工艺方法,因此,电磁成形比其他高能率方法得到了更加广泛的应用。

电磁成形的工艺应用会越来越广泛。除了前面介绍的应用外,还可以实现对玻璃容器中金属件的定位、成形和装配,这是其他工艺难以实现的。利用高速率的特点可以成功应用于复合材料的冲裁和成形。

可以预见,电磁成形作为一种特点鲜明的加工技术,将会得到越来越广泛的应用。尤其在管状零件加工、校形、连接装配,密闭容器的封存,复合材料及难成形材料的加工中,铝合金结构件的复合加工等方面具有广阔的应用前景。

6. 电磁成形技术工程问题

电磁成形技术作为较为新颖的一种成形方式,在一些小规格、结构形式简单的零件中已经取得了一定的应用,但对于大规格、结构形式复杂的构件来说,电磁成形技术仍需开展大量的、深入的研究工作,目前电磁成形技术主要面临的工程问题如下:

(1)变形不均匀。电磁成形过程中,高压脉冲磁场的形成受设备、实际环境等多重因素的耦合影响,在构件成形过程中,因其构件的形状尺寸等局部相异,极易导致局部磁场变化梯度大,从而造成构件变形不均匀。尤其对于大规格的构件来说,理论上需要大容量的磁场方可实现构件的整体成形,但大容量的磁场必然带来磁场均匀性的控制问题,磁场的变化和波动均可造成构件变形不均匀,从而导致构件的局部力学性能各异,甚至引起构件报废。因此对于航天器结构中部分大规格的典型构件来说,电磁成形仍需进一步研究磁场与大规格构件之间相互耦合的规律,实现磁场的均匀性控制。

(2)多场耦合控制难。对于电磁成形构件的整个过程来说,分别存在着塑性加工场、电场、磁场和材料内部的应力场,这些场中有的是外加于材料之上的,有的是处于材料内部的,而各场之间的相互耦合关系由于涉及多种学科、多种尺度、多种形态等,造成国内外对电磁成形过程中的众多机理问题尚不完全清晰。而在实际的航天器结构件成形过程中,由于对结构的尺寸精度、力学性能等要求较为严格,实现有效的多场耦合有效控制存在较大的难度。

7. 面向工程问题的结构设计优化

针对 VPPAW 焊所存在的焊枪作动机构复杂、焊接位置不稳定、厚板焊接困难等工程问题,在结构件的设计过程中,应开展适应性的结构设计和优化,主要分为以下几个方面:

(1)增加结构形式均匀性,降低加强位置数量。结构件的局部凸台、高筋和变厚度等均会对电磁成形过程中局部的电流或磁场造成不稳定、能量不一致等影响。因而在结构件设计时,考虑结构件采用较为均匀的结构形式,尽量减少凸台的数量、厚度的不均匀性,加强筋等尽可能采用对称匀分布,以保证电磁成形时材料内部受力的均匀性。

(2) 增加结构件尺寸余量。由于电磁成形的结构件尺寸精度较差,因而在结构设计时,考虑在精度要求较高的安装面、连接面等留有一定的机械加工余量,在结构件电磁成形后,采用机械加工方式去除部分材料,保证安装面、连接面等局部的高精度要求。另外,电磁成形制备的结构件规格不应太大,若规格较大对于电磁成形的设备和多场的控制较难。目前对于新型的电磁成形技术来说,结构件的投影面积一般不大于 $0.9m^2$(特殊的结构件需要进一步的具体分析)。

(3) 材料的选择。电磁成形所适应的材料一般为导电的金属材料,目前不适用于非金属材料。在航天器结构件方面潜在应用的主要有铝合金(如2×××、5×××、7×××等)、镁合金(MB2、AZ31 和稀土镁合金)和部分的钛合金(如 TC4、TB 系列等)。

参考文献

[1] 王仲仁. 塑性加工力学基础[M]. 北京:国防工业出版社,1989.
[2] 李峰. 盘类件模锻过程变形模式及流动规律研究博士学位论文[D]. 哈尔滨:哈尔滨工业大学,2007.
[3] 刘华,江开勇,刘斌,金属塑性加工新技术与发展趋势[J]. 模具工业,2010, 36(9):5 – 9.
[4] 刘华,闻洁,刘斌. 现代塑性加工新技术及发展趋势[J]. 锻压装备与制造技术,2010,45(4):10 – 13.
[5] 黄本生,黄龙鹏,李慧. 异种金属焊接研究现状及发展趋势[J]. 材料导报,2011, 25(23):118 – 121.
[6] CARBUCICCHIO M, PALOMBARINI G, CIPRIAN R, et al. Interfacial microstructure and properties of dissimilar steels joined by high energy beam melting processes[J]. Hyperfine Interactions,2009,191(1 – 3):143 – 150.
[7] MAHENDRAN G, BABU S, BALASUBRAMANIAN V. Analyzing the effect of diffusion bonding process parameters on bond characteristics of Mg – Al dissimilar joints[J]. Journal of Materials Engineering & Performance,2010,19(5):657 – 665.
[8] 何丽君,林三宝,李金全. VPPA 焊接的焊缝成形稳定性控制的研究现状[J]. 电焊机,2011,41(6):18 – 22.
[9] 刘志文,李落星. 轻量化构件弯曲短流程工艺研究现状与进展[J]. 中国有色金属学报,2014,(8):2003 – 2012.
[10] 徐义,李落星,李光耀,等. 型材弯曲工艺的现状及发展前景[J]. 塑性工程学报,2008,15(3):46 – 49.

[11] LI H,YANG H,YAN J,ZHAN M. Numerical study on deformation behaviors of thin – walled tube NC bending with large diameter and small bendingradius [J]. Computational Materials Science,2009,45(4):921 – 934.

[12] HUA M,LIN Y H. Larger deflection analysis of elastoplastic plate in steady continuous four – roll bendingprocess [J]. International Journal of Material Sciences,1999,41:1461 – 1483.

[13] CLAUSEN A H, HOPPERSTAD O S, LANGSETH M. Sensitivity of model parameters in stretch bending of alumium extrusions [J]. International Journal of Mechanical Sciences, 2001,43:427 – 453.

[14] LI XIAO – QIANG,LI HUI,LI DONG – SHENG. Springback simulation in stretch bending of aluminum extrusions using static implicit and dynamic explicit FE codes [J]. Advanced Materials Research,2011,295/297:1606 – 1612.

[15] 赵升吨,林军. 筒形件液压拉深的研究现状及进展[J]. 锻压装备与制造技术,2008,(6):13 – 16.

[16] VOELKNER W. Present and future developments of metal forming:selected examples[J]. J. Mater. Process. Technol,2000,106:236 – 242.

[17] 吴有生,夏巨谌,胡国安. 板料液压成形技术的发展动态及应用[J]. 金属成形工艺,2002,20(4):1 – 7.

[18] 郎利辉,DANCKERT J,NIELSEN K B. 板液压成形及无模充液拉深技术[J]. 塑性工程学报,2002,9(4):29 – 34.

[19] 马壮,张莉. 王义伟. 有色合金 A – TIG 焊研究现状[J],材料导报,2014,28(1):91 – 94.

[20] 黄勇,樊丁,樊清华. 表面活性剂对铝合金直流正接 A – TIG 焊熔深的影响[J]. 焊接学报,2004,10(5):60.

[21] 陈俐,胡伦骥. 活性剂焊接技术的研究[J]. 新技术新工艺,2005,(4):39.

[22] 孙茂龄,宋昌洪,吉荣亮,等. TIG – MIG 复合焊研究现状与展望[J]. 焊接,2016,(12):33 – 36.

[23] 王军,冯吉才,何鹏. TIG – MIG 电弧间工艺[J]. 焊接学报,2009,30(2):145 – 148.

[24] 杨春利,林三宝. 电弧焊基础[M]. 哈尔滨:哈尔滨工业大学出版社,2003.

[25] HISASHI M,SHINICHI T,SHUHEI K,et al. Numerical simulation on plasma property in TIG – MIG hybrid welding process[C]. Tokyo:Quarterly Journal of the Japan Welding Society,2013,31(4):22 – 25.

[26] 薛根奇. VPPAW 在铝合金焊接中的应用[J]. 电焊机,2006,36(2):36 – 37.

[27] 裴利程. VPPAW 穿孔特性与焊缝成形稳定性的研究及控制[D]. 哈尔滨:哈尔滨工业大学,2006。

[28] 刘志华,赵冰,赵青. 21 世纪航天工业铝合金焊接工艺技术展望[J]. 导弹与航天运载技术,2002,(5):2 – 4.

[29] LI K,SHEN J,XIE F,et al. Development of Variable Polarity Plasma Arc Welding Equipment [J]. Aerospace Materials & Technology,2002,(6):39 – 42.

[30] 丁桦,张凯锋. 材料超塑性研究的现状与发展[J]. 中国有色金属学报,2004,14(7):1059-1067.

[31] 王哲. 钛合金超塑成形/扩散连接技术在飞机结构上的应用[J]. 钛工业进展,1999(3):23-25.

[32] 张凯锋,王长丽,于彦东. 1420A1-Li合金的超塑特性及微成形[J]. 金属成形工艺,2003,21(1):11-14.

[33] 刘海华,白云龙,卓义民,等. 外加电磁场辅助焊接技术的研究现状[J]. 焊接,2017,(10):12-17.

[34] 王军,陈树君,卢振洋. 磁场控制横向MAG焊接焊缝成形工艺的研究[J]. 北京工业大学学报,2003,29(2):147-150.

[35] 袁学兵,魏青松,文世峰,等. 选择性激光熔化AlSi10Mg合金粉末研究[J]. 热加工工艺,2014,43(4):91-94.

[36] 刘锦辉,史金光,李亚. 选择性激光熔化AlSi10Mg合金粉末的成形工艺[J]. 黑龙江科技大学学报,2015,25(5):509-515.

[37] LORE T, KAROLIEN K, JEAN-PIERRE K, et al. Fine-structured aluminium products with controllable texture by selective laser melting of pre-alloyed AlSi10Mg powder [J]. Acta Materialia,2013,61:1809-1819.

[38] 王霄,王东升,高雪松,等. 轻合金构件激光增材制造研究现状及其发展[J]. 应用激光,2016,36(4):478-483.

[39] NAPOLITANO R E, MECO H, JUNG C. Faceted solidification morphologies in low-growth-rate Al-Si eutectics [J]. Journal of the Minerals Metals and Materials Society,2004,56:16-21.

第5章 航天器结构材料发展

正如本书前4章所述,材料作为结构的重要支撑,在结构承载、传力和维形等方面均起到了重要的作用。然而,由于材料在实际型号中的工程应用存在诸多壁垒和障碍,需要针对工程实际存在的问题,开展针对性的材料研制及工艺技术提升工作。按照材料工程应用所面临的关键问题类别来分,材料的发展主要分为三个层面:面向先进结构技术的材料发展、面向先进制造技术的材料发展和面向较差学科应用的材料发展。具体如下:

随着航天器任务特性对结构提出的要求越来越苛刻,与传统的结构相比,结构需具备更多的新型功能或作用。需要面向未来结构技术的需求,重点开展相关材料的研究与攻关。其次,制造技术的日新月异对于传统材料的冲击也是多方面的。通过升级制造技术,制备更为复杂、高性能、大规格、多功能、超结构、多点阵的块体/特殊材料,要求材料需具备能够满足制造技术实施的材料层面的要素。最后,结构所经历的空间环境也越来越复杂,众多的深空探测航天器将面临前所未有的复杂空间环境,而材料与空间环境的相互作用模式、机理和预防措施等均未有相关的积累。该部分属于交叉学科范畴,目前国内研究成果甚少。因此,也需要开展与空间环境耦合的材料研究与攻关。

5.1 面向先进结构技术的材料发展

随着航天器结构技术的发展和未来任务对特定任务的迫切需求,结构技术也针对性地有了重点发展方向,目前得到重点发展的结构技术主要有高承载结构,柔性充气展开结构,高精、高稳结构,耐高热流、高总加热量的防热结构和一体化结构等。

5.1.1 高承载结构

在结构满足功能实现的前提下,结构的承载能力是体现结构技术水平的重要参数。从航天器结构技术的发展角度来说,结构的承载比越小越好,意味着越小的结构质量占比,能够支撑质量较大的航天器。美国的几种航天器如图5-1~图5-3所示,其结构承载比均已处于世界领先的水平。实现小承载比结构主要有两个途径:应用高性能材料、提高结构轻量化水平。应用高性能材料能够提升结构的承载能力,忍受更大的载荷条件;而提高结构轻量化水平不仅依赖轻质材料的选用,同时也与结构设计和优化水平的提高关系密切。例如后续的大吨位遥感平台卫星、大型通信卫星、载人月球探测航天器等,要求结构的承载比小于目前的国际先进水平,因此后续对于高性能材料的研究与制备均提出了更高的要求。

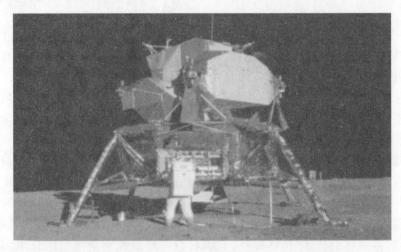

图5-1　美国阿波罗登月着陆器结构采用十字形隔框结构,结构承载比为6.67%

图5-2　美国星座计划前期LSAM方案着陆器,结构承载比约为4.7%

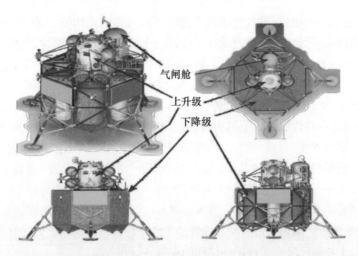

图 5-3　美国星座计划确定的 Altair 方案短期任务型着陆器,结构承载比为 8%

5.1.2　柔性充气式展开结构

充气式展开结构目前主要的发展方向有两个,充气式密封舱结构和充气式防热结构。充气式密封舱结构因结构简单、重量轻、发射体积小和结构效率高等优势成为后续空间站运营阶段密封舱的主要结构形式。但是对密封功能提出了严苛的要求,在轨阶段密封舱需承受约 1atm 的内压载荷,且要求密封舱需具备较强的承载能力的同时,拥有较强的防火和抗辐照等特殊功能。目前的充气式密封舱结构主要设计为复合多层结构,通过安装复合气密层、防护层和抗内压层等实现整体的防护效果,如图 5-4 所示。因为不同层的结构设计对特殊功能材料的研究提出了新的挑战,所以具有特殊功能的轻质高性能材料的研究成为该方向后续的主要攻关方向之一。

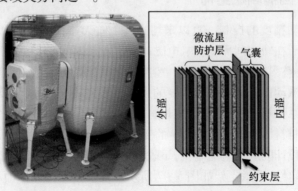

图 5-4　充气式密封舱结构形式和多层示意图

充气式防热结构能够通过改善再入或进入时防热结构构型,大幅度提高防热结构的防热效能和降低结构重量,并增强着陆安全性,充气式防热结构折叠和展开变构型如图5-5所示。对于后续的、更为遥远的小行星探测来说,充气式防热结构在能够保证进入过程中热防护功能的前提下,大大降低进入舱外层防热结构的质量,缩小结构设计冗余,从而使结构设计和制备成为可能。而充气式防热结构与充气式密封舱结构相同,存在着传统方式下的折叠、展开和动力学特性的耦合等关键技术,需要针对这些关键技术重点开展研究。另外,由于防热结构在进入地外星体大气过程中,防热结构存在导热、烧蚀和后退,防热结构外形尺寸和厚度等会发生相应的变化,因此在此过程中充气展开对防热结构/材料烧蚀特性的影响规律,成为该方向特殊材料的研究与制备的重要关注点之一。进入或再入过程中充气式防热结构烧蚀和后退示意如图5-6所示。国内对可折叠和展开的柔性防热材料的研制正处于起步阶段,而国外早在二十年前已实现柔性防热结构的在轨飞行和着陆。

图5-5 充气式防热结构折叠和展开

5.1.3 高精高稳结构

航天器在轨精度的控制一直以来均为关乎航天器任务成败和功能实现的关键指标。但由于在轨空间环境(热、电磁、高能粒子、辐照)极易引起结构之间的变形不匹配,使得整星(整器)指向性变差,精度降低。而在整星(整船)状态下,由于噪声引起的微振动也是影响在轨精度的主要因素之一。因此,需要针对在轨环境开展低线膨胀系数材料、温度不敏感材料、耐空间辐照材料等的开发与研制,在选材上尽量降低材料属性不匹配而产生的变形问题。如目前采用的高模量低线膨胀系数复合材料设计的载荷适配结构、星敏支架等,通过结构形式和工艺铺层设计,达到高的热稳定性,星敏支架如图5-7所示。在微振动抑制方面,需要针对性地开展高阻尼和高力学性能材料的研究与制备,通过采用高阻尼材料制备新型隔振器等,耦合优化结构振动传递特性,达到抑制结构微振动的传递等目的。

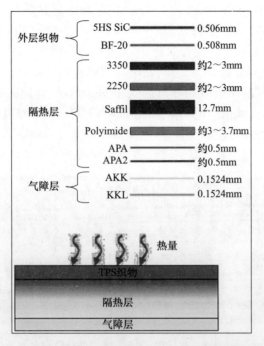

图 5-6　进入或再入过程中充气式防热结构烧蚀和后退

图 5-7　高模量低热膨胀系数的星敏支架

5.1.4　耐高热流高总加热量防热结构

航天器再入或进入过程中,需要经历严酷的热环境考验,尤其对于高速返回或进入的航天器来说,其非常高的峰值热流、较长的再入航程对于航天器外层的防热结构均提出了全新的挑战,如国外的 CEV 航天器侧壁和大底采用了某种新型的可承载耐烧蚀防热材料,如图 5-8 所示。特别地,对于外层防热结构重量占比较大、防热材料密度偏高等问题,需要开展面向第二宇宙速度返回的高性能防热材料的研制、地面验证等工作,在高峰值热流和高总加热量的情况下,使防热材料能够保证其防热效果和外形的完整性,防热材料地面验证如图 5-9 所示。另外,对于耐高峰值热流和高总加热量的大规格防热材料来说,其制备工艺也是急需开展研究和突破的关键技术,大规格或超大规格防热层/结构高精度净成形技术和一体化成形技术是后续重点发展方向之一。

图 5-8 CEV 侧壁和大底防热结构

图 5-9 防热结构地面模拟烧蚀试验过程

5.1.5 一体化结构

本节所述的一体化结构既包含功能与承力一体化结构,同时也包含整体成形一体化结构。对于功能与承力一体化结构来说,尤其针对一些传统意义上非主承力的结构,通过对特殊材料的开发和研制,从以实现功能为主的结构形式,逐渐过渡为功能和承力兼顾的一体化结构形式,如防热承力一体化结构即为利用热结构材料高温下良好的强度、刚度等特性,实现低热流密度条件下防热和承力,如图5-10所示。另外,密封与承力、热控与承力、感知与承力、空间辐照环境屏蔽与承力、透波与承力等方面均需要针对功能与承力开展新型适应性的材料研究,制备一体化的结构,既可以降低承载结构的冗余和重量,同时满足一定的功能要求。

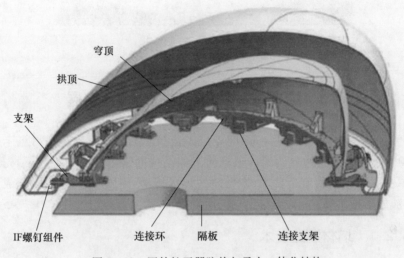

图5-10 国外航天器防热与承力一体化结构

整体成形的一体化结构在结构制备过程中,采用特殊的工艺整体成形而成,结构未采用分瓣、拼接、螺接等形式,图5-11为采用整体成形的某金属壳体结构。整体成形的一体化结构具备良好的刚性及承载能力、结构连接简单、结构冗余小等优势,近年来已逐渐在密封结构、防热结构、高稳结构中获得工程应用。由于结构的整体成形要求材料必须具备良好的塑性加工性能,能够在一体化成形过程中保持良好的延展性能和协调变形能力。因而,对于在后续航天器结构中具有较大的工程应用前景的高性能材料(尤其是金属材料如7×××铝合金、铝基复合材料、高强度镁合金等),在材料研制的同时,需要重点考虑材料的塑性加工能力。

图 5-11 整体成形金属壳体

5.2 面向先进制造技术的材料发展

随着制造技术的日新月异,面向先进制造技术的材料发展也是材料未来面对和急需适应的重要边界约束。根据航天器结构的未来发展趋势,后续先进制造技术主要包括增材制造技术、搅拌摩擦焊接技术、旋压成形技术、蠕变成形技术、冲液成形技术等。

5.2.1 增材制造技术

增材制造技术作为一种新兴的工艺技术,其所制备的块体材料或结构已在航天器结构领域取得了一定的应用。但该技术带来了对材料的主要工程问题:高性能先进材料粉末制备困难、复杂结构增材制造工艺不完善。对于后续航天器结构极具吸引力的材料(如高强铝合金、晶须增强铝基复合材料、镁合金、先进树脂基复合材料等),由于其在材料粉末的制备端存在较为明显的工程问题,导致绝大部分的材料粉末不满足增材制造的要求,无法增材制造出相应的块体材料或结构。因而对于高强铝合金(7×××、铝镁钪锆铝合金)、SiC 颗粒或晶须增强铝基复合材料、稀土镁合金、碳纤维增强复合材料等需要开展前端的粉末制备研究,解决目前材料粉末制备的关键技术瓶颈。图 5-12 为采用铝镁钪锆高强铝合金材料增材制造技术初步成形的某卫星用小规格动量轮支架(局部机械加工后状态)。

图 5-12　增材制造卫星用动量轮支架(铝镁钪锆)

另外,增材制造工艺与高性能材料之间的耦合作用机理不清晰,导致增材制造块体材料或结构过程中,常常由于残余应力较大而出现结构破坏或断裂的情况,尤其对于大规格的块体材料或结构来说更为严重,这就造成增材制造结构成本较高、生产周期较长,很大程度上削弱了该工艺技术本身带来的工程优势,图 5-13 为增材制造成形某超大规格环件局部,但由于存在较为严重的质量问题,通过优化环件结构将其更改为分瓣拼接方式,每个分瓣单独增材制造成形。因而,基于增材制造工艺技术,后续需要重点开展高强铝合金(7×××、铝镁钪锆铝合金)、SiC 颗粒或晶须增强铝基复合材料、稀土镁合金、碳纤维增强复合材料在制造过程中的微观组织、力学性能演化分析和作用机理的研究,揭示材料的内在演变规律。

图 5-13　增材制造超大规格环件(钛合金)局部

5.2.2 搅拌摩擦焊接技术

搅拌摩擦焊作为一种较为传统的焊接技术,将其应用在新型材料的焊接成形中,不仅能够大幅度提高焊缝的质量,也能够高精度地制备大规格金属壳体结构。其对于焊接设备和被连接构件的装配精度要求较高,根据目前欧美在航天器结构制造过程中搅拌摩擦焊技术的应用现状,其主要应用于铝锂合金壳体的焊接成形,已在航天器结构制造中获得了广泛的应用。而我国目前在搅拌摩擦焊接领域也已经取得了一定的研究成果,具备了搅拌摩擦焊接大规格构件的设备和小规格壳体的能力,如图 5-14 和图 5-15 所示。

图 5-14 ϕ5000mm 壳段纵缝搅拌摩擦焊装备

图 5-15 搅拌摩擦焊接壳体

因此,针对诸如 2195 铝锂合金、高强铝合金、铝基复合材料等后续重点应用的材料,需重点开展搅拌摩擦焊接过程中的材料变形和演化研究,阐明材料与搅拌摩擦焊接工艺的相互作用机理,突破搅拌摩擦焊接成形大规格壳体结构的技术瓶颈。

5.2.3 旋压成形技术

旋压成形技术同样也是一项传统的塑性加工技术,旋压成形的筒形件、锥形件、球形件等已广泛地应用于航空航天和装备等领域。但是随着航天器对结构承载和轻量化要求的提升,一体化整体旋压成形技术在结合新型高性能材料后焕发出了新的活力。为了满足结构整体高刚度、减重、高承载等具体要求,采用一体化旋压成形技术成形高强铝(7×××系、铝锂合金、铝钪合金等)、SiC 颗粒增强或晶须增强铝基复合材料、TiB2 陶铝复合材料、镁合金等是后续航天器结构应用的重点方向。在运载火箭筒段和载人密封舱等结构上已逐渐实现小规格壳体的一体化旋压成形,如图 5-16 所示。

图 5-16　整体旋压成形壳体(机械加工后)

然而,针对高强铝、铝基复合材料和镁合金的旋压成形工艺及其与材料之间的作用机理仍需要进一步深入研究,尤其在制备一体化结构方面需要重点攻关材料在整体旋压下的协调变形模式、机理和组织性能演化研究,突破材料塑性变形、热处理等效控制方面的技术瓶颈。

5.2.4 蠕变成形技术

对于大规格壁板类结构(圆弧或圆锥形)来说,由于在其内表面或外表面设计有较多的纵横较差的立筋,因此该类结构采用机械加工进行制备时,成本较高、周期较长,且在壁板滚弯过程中,极易由于立筋的根部拉应力较大而出现局部立筋失稳、破坏等问题,如图 5-17 所示。而蠕变成形技术通过在一定的温度和压力下,对板材进行长期逐步的变形,在成形过程中促进动态再结晶的发生、内部位错及空洞缺陷的弥合,累积成形为一定弧度且含有立筋的壁板类结构。但是,由于蠕变成形过程中,材料需长时间地处于高温保压环境,因此材料的力学性能出现一定程度的下降,微观组织也可能较原始状态变得粗化,从而对后续块体材料(结构)的承载产生影响,图5-18为目前国内通过蠕变成形技术初步制备的2195铝锂合金壁板结构。

图5-17 空间站用壁板结构件

图5-18 蠕变成形制备的2195铝锂合金壁板

为了保证航天器结构用材料的蠕变成形工艺的成功进行,需要针对航天器结构用新型材料开展其在蠕变过程中材料特性变化规律的研究,揭示不同材料在该工艺条件下的蠕变成形特征,突破新型高性能材料(铝钪合金、铝基复合材料等)的高精度蠕变成形技术瓶颈。目前,这方面国内相关研究成果的积累仍有待进一步提高。

5.2.5 冲液成形技术

在航天器结构中,有一类中空管型材的应用较为广泛,可以通过焊接、黏接、螺接等与其他型材连接而形成压力容器、支撑管、桁架等结构。而冲液成形技术是在国外研究的基础上,结合国内的工业中中空管型材的应用情况,通过优化改进而形成一种先进的管型材制备技术,可以制备弯管、方管、圆管等不同形状,三通、四通等不同规格的管材。冲液成形技术在航天器结构目前已实现部分小规格贮箱的制备(图 5 – 19),能够有效地提高贮箱的生产效率,降低生产成本。但是,对于后续航天器结构来说,由于高性能材料的选用和潜在应用,冲液成形技术制备不同规格的管型方面的研究存在一定的空白。

图 5 – 19 冲液成形的气瓶

因此,需要针对应用在后续型号的高强铝、铝基复合材料、镁合金等开展面向冲液成形技术的材料微观组织、性能演化研究,弄清楚高性能材料与冲液成形之间的作用机理,揭示材料的内在变形规律及冲液成形制备块体材料(结构)技术原理。

5.3 面向交叉学科应用的材料发展

交叉学科对于材料的发展来说,是未来潜在的重要机遇和挑战。新型高性能材料的研发与制备必须能够满足交叉学科对材料的特殊需求,根据航天器结构的发展趋势,面向交叉学科应用的材料发展主要有耐空间环境、智能检监测、压电功能等重点方向。

5.3.1 耐空间环境材料

随着航天器在轨驻留、飞行时间的延长,材料的耐空间环境能力研究逐渐被提上日程,甚至在部分型号中已成为型号任务成败的关键问题。众所周知,空间环境中存在的复杂、多变、长时间、突发性等特点使研究它与材料之间的相互作用带来了巨大的困难,如图 5-20 所示为航天器结构面向不同的任务所经历的复杂空间辐射量级。为此,需针对轨道特点,重点开展真空、带电粒子、原子氧等环境对材料的影响研究,分析原子氧环境对材料表面的剥蚀作用、带电粒子对材料内部原子堆垛的影响规律,如图 5-21 所示。通过分析材料微观组织和力学性能的变化,揭示材料(先进复合材料)与空间环境之间的相互作用模式。通过地面试验模拟测试单工况、多工况下的空间环境影响材料的特点,进一步提升面向空间环境材料演化模型构建和优化,实现空间环境下材料演变的精准化模拟分析。

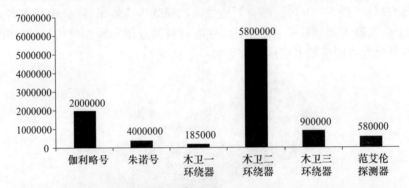

图 5-20　航天器结构在不同任务下所受辐射剂量(100mils 铝屏蔽,RDM=2)

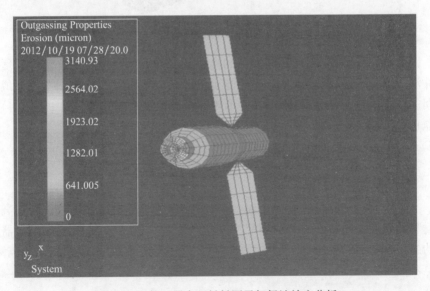

图 5-21　航天器表面材料原子氧侵蚀效应分析

5.3.2　智能监测材料

随着航天器在轨驻留、飞行时间的延长,对结构的在轨智能监测是未来长时在轨航天器运行状态的重要评估手段。智能监测结构基于智能压电传感网络，在轨测量结构应变，实时感知结构的健康状态。它对于空间碎片撞击的部位、深度和破损程度能够进行高精度的定位和感知，为结构修复定位、修复措施等提供支持。目前国内广泛采用的方式为在结构上通过粘贴或开孔内置传感器(如图 5-22 所示)，全时监控结构受到的载荷和变形情况，但这种监测模式存在检测不及时、定位精度不高、测点容易脱落失效、测点粘贴复杂、可靠性不好等工程问题。基于国外的监测方式和途径，需要针对在轨驻留和飞行模式，开展智能监测与承载一体化的结构(材料)的研究，通过在材料内增加智能监测的元素或成分，从根本上解决监测手段与结构脱节的状态，寓智能监测于材料之中，同时材料兼具承载的功能，如图 5-23 所示。

图 5-22　智能监测结构与传感器粘贴

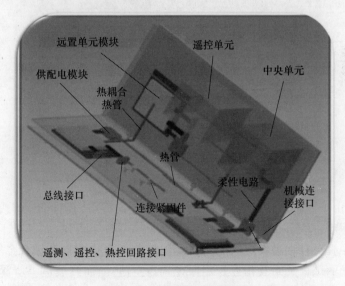

图 5-23　智能监测结构单元

5.3.3 压电功能材料

压电材料是一种具有力-电耦合特性的功能材料,即为通过材料的特殊功能性将机械压力(位移)转换为电信号(互逆)的材料,如在某卫星自适应结构中应用的压电材料的工作模式如图5-24所示。同样地,其在航天器的自动控制、微型机械系统、精密传感器等领域,存在着巨大的应用前景。其中典型的应用之一为在卫星的结构件上通过粘贴压电薄膜材料,在一定的温度区间内,结构件的变形触动压电材料产生变形,从而对结构件的变形进行局部的补偿,以保证结构件的局部平面精度,如图5-25所示。

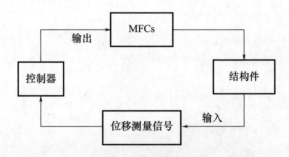

图5-24 卫星自适应结构用压电材料工作模式

图5-25 压电材料应用于卫星自适应结构件

然而,由于压电材料兼具力学性能和电性能的特点,其对于位移或电信号输入的相应程度(图5-25)、材料内部特性的演变等尚不清楚,尤其对于在后续航天器型号中具有较强潜在应用的高强铝合金、铝基复合材料和镁合金等,其与压电材料之间的耦合关系及相互作用原理均为空白,尚需开展进一步深入的研究与分析。

参考文献

[1] 马兴瑞,韩增尧,邹元杰,等. 航天器力学环境分析与条件设计研究[J]. 宇航学报,2012,1(33):1-3.

[2] 陈烈民. 航天器结构与机构[M]. 北京:中国科学技术出版社,2005.

[3] 周成刚. 卫星大挠性桁架结构振动抑制试验研究[J]. 航天控制,2009,27(2):59-60.

[4] 王文龙,从强,史文华,等. 航天器柔性充气式密封舱结构技术的发展[J]. 航天器工程,2014,2:103-109.

[5] FUENTE H D, RABOIN J L, SPEXARTH G R, et al. Transhab: NASA'S large-scale inflatable spacecraft [R]. Washington D. C.: AIAA, 2000, 1822:3-6.

[6] CHRISTIANSEN E L, KERR J H, FUENTE H M D L. Flexible and deployable meteoroid/debris shielding for spacecraft [J]. International Journal of Impact Engineering, 1999, 23(1):125-136.

[7] NASA. Exploration systems architecture study (ESAS) final report [R]. Washington D. C.: NASA, 2005.

[8] 于登云. 中国探月工程发展及对空间环境与材料研究的需求[J]. 航天器环境工程,2010,27(6):677-681.

[9] R OSBORNE, C TYNAN, J WILLIAMS. Expandable structures technology for manned space applications [R]. Washington D. C.: AIAA, 1971;399-410.

[10] 刘海平,杨建中,罗文波,等. 新型欧拉屈曲梁非线性动力吸振器的实现及抑振特性研究[J]. 振动与冲击,2016,35(11):155-160.

[11] 刘永斌,龙潜,冯志华,等. 一种非平稳、非线性振动信号检测方法的研究[J]. 振动与冲击,2007,26(12):131-1344.

[12] 刘兴天,黄修长,张志谊,等. 激励幅值及载荷对准零刚度隔振器特性的影响[J]. 机械工程学报,2013,49(6):89-94.

[13] 李宏男,李东升. 土木工程结构安全性评估、健康监测及诊断述评[J]. 地震工程与工程振动,2002,22(3):82-90.

[14] RICHARDS W L, DONG G L, PIAZZA A, et al. Characterization of embedded fiber opticsensors in advanced composite materials for structural health monitoring[C]. San Diego: Smart Structures & Materials. International Society for Optics and Photonics, 2004.

[15] STUDER M, PETERS K J, BOTSIS J. Embedded optical fiber Bragg grating sensors for the measurement of crack-bridging forces in composites [J]. Proceedings of SPIE - The International Society for Optical Engineering, 2002:4694.

[16] TAKAHASHI N, YOSHIMURA K, TAKAHASHI S. Vibration sensing with fiber Bragg grating [C]. Vladivostok, Russian: Proceedings of Spie the International Society for Optical Engineering, 2001.

[17] SAVASTRU D, BASCHIR L, MICLOS S, et al. Composite Material Cracks Detection Using a

Self-Interference Long Period Grating Fiber Sensor[J]. Macromolecular Symposia,2020, 389(1):1-3.
[18] YANG Y C,HAN K S. Damage monitoring and impact detection using optical fiber vibration sensors[J]. Smart Materials and Structures,2002,11(3):337.
[19] 魏传锋,姚峰. 载人航天器系统级热试验技术现状与展望[J]. 航天器环境工程,2013,000(006):591-595.
[20] 周志勇,马彬,张萃,等. X-37B 轨道试验飞行器可重复使用热防护系统综述[J]. 航天器工程,2016,25(04):95-101.
[21] 常坤,梁恩泉,张韧,等. 金属材料增材制造及其在民用航空领域的应用研究现状[J]. 材料导报,2021,(35):03176-03182.
[22] 田宗军,顾冬冬,沈理达,等. 激光增材制造技术在航空航天领域的应用与发展[J]. 航空制造技术,2015,480(11):38-42.
[23] 林鑫,黄卫东. 高性能金属构件的激光增材制造[J]. 中国科学:信息科学,2015,45(9):1111-1126.
[24] 王典. 金属粉末材料选区激光烧结快速成形机理与温度场数值模拟研究[D]. 镇江:江苏大学,2013.
[25] 顾冬冬,沈以赴,潘琰峰,等. 直接金属粉末激光烧结成形机制的研究[J]. 材料工程,2004,(5):42-48.
[26] 关桥,栾国红. 搅拌摩擦焊的现状与发展[C]. 上海:中国机械工程学会,2005.
[27] THOMAS W M,NICHOLAS E D,NEEDHAM J C,et al. Friction stir welding,international patent application[J]. Sensor Review,2008,28(1):62-67.
[28] 栾国红,郭德伦,张田仓,等. 革命性的宇航结构件焊接新技术——搅拌摩擦焊[J]. 航空制造技术,2002(12):31-36.
[29] 张成,杨海成,韩冬,等. 钛合金旋压技术在国内航天领域的应用及发展[J]. 固体火箭技术,2013,36(1):127-132.
[30] 张少辉,史文华,孙士勇,等. 采用压电材料的自适应卫星结构研究[J]. 航天器工程,2015,2(24):40-44.
[31] 王建昭,张庆祥,田岱,等. 木星系粒子辐射环境效应及防护关键技术[J]. 航天器环境工程,2018,5(35):500-510.
[32] 湛利华,李炎光,黄明辉. 工艺参数对蠕变时效 2124 铝合金力学性能和微观组织的影响[J]. 中国有色金属学报(英文版),2014,24(7):2232-2238.
[33] 林俐箐. 充液冲击成形关键技术研究[D]. 合肥:合肥工业大学,2016.

附 录

附表 1 航天器结构用铝合金材料复验性能数据

序号	合金牌号	尺寸规格/mm	热处理状态	屈服强度 $\sigma_{0.2}$/MPa	抗拉强度 σ_b/MPa	伸长率 δ_{10}/%	弹性模量 E/GPa	切变模量 G/GPa	泊松比 μ	硬度	线膨胀系数 $\mu m/(m \cdot K)$	热导率 $W/(m \cdot K)$	液相线温度/℃	固相线温度/℃	热容 $J/(kg \cdot K)$
1		δ1.5	T4	311	443	17.5	72	27	0.31	—	21.8~25	193(25℃)	638	502	924(100℃)
2		δ1.5	H112	—	415	23.5	72	27	0.31	—	21.8~25	193(25℃)	638	502	924(100℃)
3		δ1.5	O	—	428	10.5	72	27	0.31	—	21.8~25	193(25℃)	638	502	924(100℃)
4		δ0.5	T4	301	450	24.5	72	27	0.31	—	21.8~25	193(25℃)	638	502	924(100℃)
5		δ1.0	T4	318	463	21.5	72	27	0.31	—	21.8~25	193(25℃)	638	502	924(100℃)
6		δ2.0	T4	331	466	16.5	72	27	0.31	—	21.8~25	193(25℃)	638	502	924(100℃)
7	2A12 (2024 LY12)	δ2.5	T4	310	434	9.5	72	27	0.31	—	21.8~25	193(25℃)	638	502	924(100℃)
8		δ2.5	O	280	455	23	72	27	0.31	—	21.8~25	193(25℃)	638	502	924(100℃)
9		δ3.0	T4	313	441	18	72	27	0.31	—	21.8~25	193(25℃)	638	502	924(100℃)
10		δ8.0	H112	276	466	20	72	27	0.31	—	21.8~25	193(25℃)	638	502	924(100℃)
11		δ10.0	H112	266	450	17	72	27	0.31	—	21.8~25	193(25℃)	638	502	924(100℃)
12		δ10.0	T4	316	456	22.5	72	27	0.31	148HV	21.8~25	193(25℃)	638	502	924(100℃)
13		δ1.2	T4	331	475	19.5	72	27	0.31	—	21.8~25	193(25℃)	638	502	924(100℃)
14		δ1.2	O	74	175	22	72	27	0.31	—	21.8~25	193(25℃)	638	502	924(100℃)
15		δ12	T4	324	476	19	72	27	0.31	—	21.8~25	193(25℃)	638	502	924(100℃)

续表

序号	合金牌号	尺寸规格/mm	热处理状态	屈服强度 $\sigma_{0.2}$/MPa	抗拉强度 σ_b/MPa	伸长率 δ_{10}/%	弹性模量 E/GPa	切变模量 G/GPa	泊松比 μ	硬度	线膨胀系数 $\mu m/(m \cdot K)$	热导率 $W/(m \cdot K)$	液相线温度/℃	固相线温度/℃	热容 $J/(kg \cdot K)$
16		δ12	H112	293	467	21	72	27	0.31	—	21.8~25	193(25℃)	638	502	924(100℃)
17		δ14	H112	285	469	18	72	27	0.31	—	21.8~25	193(25℃)	638	502	924(100℃)
18		δ15	H112	282	465	16	72	27	0.31	—	21.8~25	193(25℃)	638	502	924(100℃)
19		δ15	T4	304	471	23	72	27	0.31	—	21.8~25	193(25℃)	638	502	924(100℃)
20		δ16	H112	278	455	21	72	27	0.31	—	21.8~25	193(25℃)	638	502	924(100℃)
21		δ16	T4	340	453	21	72	27	0.31	—	21.8~25	193(25℃)	638	502	924(100℃)
22		δ18	H112	281	464	23.5	72	27	0.31	—	21.8~25	193(25℃)	638	502	924(100℃)
23		δ20	H112	297	489	19	72	27	0.31	—	21.8~25	193(25℃)	638	502	924(100℃)
24		δ20	T4	290	465	13.5	72	27	0.31	—	21.8~25	193(25℃)	638	502	924(100℃)
25	2A12 (2024 LY12)	δ22	H112	237	402	18.5	72	27	0.31	—	21.8~25	193(25℃)	638	502	924(100℃)
26		δ25	H112	280	465	19.5	72	27	0.31	—	21.8~25	193(25℃)	638	502	924(100℃)
27		δ25	T4	326	480	20	72	27	0.31	—	21.8~25	193(25℃)	638	502	924(100℃)
28		δ28	H112	279	461	22.5	72	27	0.31	—	21.8~25	193(25℃)	638	502	924(100℃)
29		δ30	H112	288	462	23	72	27	0.31	—	21.8~25	193(25℃)	638	502	924(100℃)
30		δ35	T4	329	475	20	72	27	0.31	—	21.8~25	193(25℃)	638	502	924(100℃)
31		δ35	H112	282	441	18	72	27	0.31	—	21.8~25	193(25℃)	638	502	924(100℃)
32		δ40	H112	281	452	16	72	27	0.31	—	21.8~25	193(25℃)	638	502	924(100℃)
33		δ40	T4	475	568	16	72	27	0.31	40.8HRC	21.8~25	193(25℃)	638	502	924(100℃)
34		40×40（方棒）	T4	459	593	11	72	27	0.31	—	21.8~25	193(25℃)	638	502	924(100℃)
35		δ45	H112	294	472	16.5	72	27	0.31	—	21.8~25	193(25℃)	638	502	924(100℃)
36		δ50	H112	291	461	23	72	27	0.31	44.9HRC	21.8~25	193(25℃)	638	502	924(100℃)

续表

序号	合金牌号	尺寸规格/mm	热处理状态	屈服强度 $\sigma_{0.2}$/MPa	抗拉强度 σ_b/MPa	伸长率 δ_{10}/%	弹性模量 E/GPa	切变模量 G/GPa	泊松比 μ	硬度	线膨胀系数 $\mu m/(m \cdot K)$	热导率 $W/(m \cdot K)$	液相线温度/℃	固相线温度/℃	热容/$J/(kg \cdot K)$
37	2A12(2024 LY12)	50×50（方棒）	T4	424	546	15	72	27	0.31	—	21.8~25	193(25℃)	638	502	924(100℃)
38		δ55	H112	285	447	17	72	27	0.31	—	21.8~25	193(25℃)	638	502	924(100℃)
39		δ60	H112	293	440	15	72	27	0.31	—	21.8~25	193(25℃)	638	502	924(100℃)
40		δ60	T4	328	465	16.5	72	27	0.31	—	21.8~25	193(25℃)	638	502	924(100℃)
41		δ65	H112	301	378	4	72	27	0.31	—	21.8~25	193(25℃)	638	502	924(100℃)
42		δ65	T1、T42	292	459	18	72	27	0.31	—	21.8~25	193(25℃)	638	502	924(100℃)
43		δ70	H112	318	464	12	72	27	0.31	—	21.8~25	193(25℃)	638	502	924(100℃)
44		δ70	T4	317	463	12	72	27	0.31	—	21.8~25	193(25℃)	638	502	924(100℃)
45		δ75	T4	304	445	13	72	27	0.31	—	21.8~25	193(25℃)	638	502	924(100℃)
46		δ80	H112	287	463	19	72	27	0.31	—	21.8~25	193(25℃)	638	502	924(100℃)
47		80×80（方棒）	T4	386	540	16.5	72	27	0.31	—	21.8~25	193(25℃)	638	502	924(100℃)
48		δ90	H112	289	457	14.5	72	27	0.31	—	21.8~25	193(25℃)	638	502	924(100℃)
49		δ90	H112、T42	285	453	17.5	72	27	0.31	—	21.8~25	193(25℃)	638	502	924(100℃)
50		90×90（方棒）	T4	375	529	16.5	72	27	0.31	—	21.8~25	193(25℃)	638	502	924(100℃)
51		δ95	H112	—	460	22	72	27	0.31	—	21.8~25	193(25℃)	638	502	924(100℃)
52		δ100	H112	270	388	7	72	27	0.31	—	21.8~25	193(25℃)	638	502	924(100℃)
53		100*25		—											

续表

序号	合金牌号	尺寸规格/mm	热处理状态	屈服强度 $\sigma_{0.2}$/MPa	抗拉强度 σ_b/MPa	伸长率 δ_{10}/%	弹性模量 E/GPa	切变模量 G/GPa	泊松比 μ	硬度	线膨胀系数 μm/(m·K)	热导率 W/(m·K)	液相线温度/℃	固相线温度/℃	热容 J/(kg·K)
54	2A12(2024)LY12	δ100	H112、T42	300	448	11	72	27	0.31	—	21.8~25	193(25℃)	638	502	924(100℃)
55		100×100(方棒)	T4	392	543	16.5	72	27	0.31	—	21.8~25	193(25℃)	638	502	924(100℃)
56		δ110	H112、T42	288	448	18	72	27	0.31	—	21.8~25	193(25℃)	638	502	924(100℃)
57		110×110(方棒)	T4	375	484	13	72	27	0.31	—	21.8~25	193(25℃)	638	502	924(100℃)
58		δ110	F、T42	269	419	7	72	27	0.31	—	21.8~25	193(25℃)	638	502	924(100℃)
59		δ110	F	288	437	16	72	27	0.31	—	21.8~25	193(25℃)	638	502	924(100℃)
60		δ120	H112	293	449	21.5	72	27	0.31	—	21.8~25	193(25℃)	638	502	924(100℃)
61		δ120	H112、T42	276	434	21	72	27	0.31	—	21.8~25	193(25℃)	638	502	924(100℃)
62		120×120(方棒)	T4	338	510	19	72	27	0.31	—	21.8~25	193(25℃)	638	502	924(100℃)
63		δ125	H112	315	455	17	72	27	0.31	—	21.8~25	193(25℃)	638	502	924(100℃)
64		130×130(方棒)	T4	342	469	15.5	72	27	0.31	—	21.8~25	193(25℃)	638	502	924(100℃)
65		δ130	H112、T42	296	459	16	72	27	0.31	—	21.8~25	193(25℃)	638	502	924(100℃)

续表

序号	合金牌号	尺寸规格/mm	热处理状态	屈服强度 $\sigma_{0.2}$/MPa	抗拉强度 σ_b/MPa	伸长率 δ_{10}/%	弹性模量 E/GPa	切变模量 G/GPa	泊松比 μ	硬度	线膨胀系数 $\mu m/(m\cdot K)$	热导率 $W/(m\cdot K)$	液相线温度/℃	固相线温度/℃	热容/$J/(kg\cdot K)$
66	2A12 (2024 LY12)	δ130	H112	301	451	19	72	27	0.31	—	21.8~25	193(25℃)	638	502	924(100℃)
67		δ140	H112、T42	309	473	18	72	27	0.31	—	21.8~25	193(25℃)	638	502	924(100℃)
68		δ140	H112	—	512	16	72	27	0.31	—	21.8~25	193(25℃)	638	502	924(100℃)
69		140×140（方棒）	T4	418	546	16	72	27	0.31	—	21.8~25	193(25℃)	638	502	924(100℃)
70		δ140	H112、T4	455	603	13.5	72	27	0.31	—	21.8~25	193(25℃)	638	502	924(100℃)
71		δ140	H112、T6	512	583	13	72	27	0.31	—	21.8~25	193(25℃)	638	502	924(100℃)
72		δ140	H112、T42	—	512	16	72	27	0.31	—	21.8~25	193(25℃)	638	502	924(100℃)
73		δ140	H112、淬火+人工时效	—	470	10	72	27	0.31	—	21.8~25	193(25℃)	638	502	924(100℃)
74		δ150	H112	299	458	20	72	27	0.31	—	21.8~25	193(25℃)	638	502	924(100℃)
75		δ150	H112-T42	297	457	21.5	72	27	0.31	—	21.8~25	193(25℃)	638	502	924(100℃)

续表

序号	合金牌号	尺寸规格/mm	热处理状态	屈服强度 $\sigma_{0.2}$/MPa	抗拉强度 σ_b/MPa	伸长率 δ_{10}/%	弹性模量 E/GPa	切变模量 G/GPa	泊松比 μ	硬度	线膨胀系数/(μm/(m·K))	热导率/(W/(m·K))	液相线温度/℃	固相线温度/℃	热容/(J/(kg·K))
76		150×150（方棒）	T4	340	457	19	72	27	0.31	—	21.8~25	193(25℃)	638	502	924(100℃)
77		δ160	H112、T4	—	363	2.5	72	27	0.31	—	21.8~25	193(25℃)	638	502	924(100℃)
78		δ160	H112、T42	—	434	10.5	72	27	0.31	—	21.8~25	193(25℃)	638	502	924(100℃)
79	2A12(2024 LY12)	δ160	淬火+自然时效	—	448	14.5	72	27	0.31	—	21.8~25	193(25℃)	638	502	924(100℃)
80		φ6	T4	377	510	12.5	72	27	0.31	—	21.8~25	193(25℃)	638	502	924(100℃)
81		φ8	淬火+自然时效	—	449	21.5	72	27	0.31	—	21.8~25	193(25℃)	638	502	924(100℃)
82		φ10	T4	470	580	11.5	72	27	0.31	—	21.8~25	193(25℃)	638	502	924(100℃)
83		φ12	T4	548	602	12.5	72	27	0.31	—	21.8~25	193(25℃)	638	502	924(100℃)
84		φ15	T4	489	615	13	72	27	0.31	—	21.8~25	193(25℃)	638	502	924(100℃)
85		φ16	T4	430	567	13.5	72	27	0.31	—	21.8~25	193(25℃)	638	502	924(100℃)
86		φ18	T4	329	448	22	72	27	0.31	—	21.8~25	193(25℃)	638	502	924(100℃)

续表

序号	合金牌号	尺寸规格/mm	热处理状态	屈服强度 $\sigma_{0.2}$/MPa	抗拉强度 σ_b/MPa	伸长率 δ_{10}/%	弹性模量 E/GPa	切变模量 G/GPa	泊松比 μ	硬度	线膨胀系数/($\mu m \cdot m \cdot K$)	热导率/W/($m \cdot K$)	液相线温度/℃	固相线温度/℃	热容/J/($kg \cdot K$)
87	2A12(2024 LY12)	φ20	T4	462	583	15	72	27	0.31	—	21.8~25	193(25℃)	638	502	924(100℃)
88		φ20	H112	393	571	16.5	72	27	0.31	—	21.8~25	193(25℃)	638	502	924(100℃)
89		φ22	T4	454	588	13.5	72	27	0.31	—	21.8~25	193(25℃)	638	502	924(100℃)
90		φ25	T4	443	596	13.5	72	27	0.31	—	21.8~25	193(25℃)	638	502	924(100℃)
91		φ28	T4	—	554	15	72	27	0.31	—	21.8~25	193(25℃)	638	502	924(100℃)
92		φ30	T4	480	589	14	72	27	0.31	—	21.8~25	193(25℃)	638	502	924(100℃)
93		φ35	T4	469	547	12.5	72	27	0.31	—	21.8~25	193(25℃)	638	502	924(100℃)
94		φ35	H112	410	580	15.5	72	27	0.31	—	21.8~25	193(25℃)	638	502	924(100℃)
95		φ40	T4	431	584	14	72	27	0.31	—	21.8~25	193(25℃)	638	502	924(100℃)
96		φ40	H112	410	580	17.5	72	27	0.31	—	21.8~25	193(25℃)	638	502	924(100℃)
97		φ45	T4	408	542	14	72	27	0.31	—	21.8~25	193(25℃)	638	502	924(100℃)
98		φ50	T4	438	563	15	72	27	0.31	—	21.8~25	193(25℃)	638	502	924(100℃)
99		φ50	H112	396	572	14.5	72	27	0.31	—	21.8~25	193(25℃)	638	502	924(100℃)
100		φ55	T4	491	631	16.5	72	27	0.31	—	21.8~25	193(25℃)	638	502	924(100℃)
101		φ60	T4	437	553	15	72	27	0.31	—	21.8~25	193(25℃)	638	502	924(100℃)
102		φ70	T4	350	501	15.5	72	27	0.31	—	21.8~25	193(25℃)	638	502	924(100℃)
103		φ70	H112	371	535	13	72	27	0.31	—	21.8~25	193(25℃)	638	502	924(100℃)
104		φ70	H112、淬火+自然时效	—	555	15	72	27	0.31	—	21.8~25	193(25℃)	638	502	924(100℃)

续表

序号	合金牌号	尺寸规格/mm	热处理状态	屈服强度 $\sigma_{0.2}$/MPa	抗拉强度 σ_b/MPa	伸长率 δ_{10}/%	弹性模量 E/GPa	切变模量 G/GPa	泊松比 μ	硬度	线膨胀系数/$\mu m/(m \cdot K)$	热导率/$W/(m \cdot K)$	液相线温度/℃	固相线温度/℃	热容/$J/(kg \cdot K)$
105		φ70	H112、T42	—	529	15.5	72	27	0.31	—	21.8~25	193(25℃)	638	502	924(100℃)
106		φ80	T4	415	537	16	72	27	0.31	—	21.8~25	193(25℃)	638	502	924(100℃)
107		φ80	H112	377	550	17	72	27	0.31	—	21.8~25	193(25℃)	638	502	924(100℃)
108		φ80	H112、淬火+自然时效	—	532	19.5	72	27	0.31	—	21.8~25	193(25℃)	638	502	924(100℃)
109	2A12(2024 LY12)	φ80	H112、T42	—	522	17.5	72	27	0.31	—	21.8~25	193(25℃)	638	502	924(100℃)
110		φ85	T4	301	567	15	72	27	0.31	—	21.8~25	193(25℃)	638	502	924(100℃)
111		φ90	T4	389	545	14.5	72	27	0.31	—	21.8~25	193(25℃)	638	502	924(100℃)
112		φ90	H112	380	545	16.5	72	27	0.31	—	21.8~25	193(25℃)	638	502	924(100℃)
113		φ100	T4	405	567	15.5	72	27	0.31	—	21.8~25	193(25℃)	638	502	924(100℃)
114		φ100	H112	390	545	16	72	27	0.31	—	21.8~25	193(25℃)	638	502	924(100℃)
115		φ105	H112	337	477	14.5	72	27	0.31	—	21.8~25	193(25℃)	638	502	924(100℃)
116		φ110	T4	365	495	14.5	72	27	0.31	—	21.8~25	193(25℃)	638	502	924(100℃)
117		φ115	T4	360	470	12	72	27	0.31	—	21.8~25	193(25℃)	638	502	924(100℃)
118		φ120	T4	381	559	19	72	27	0.31	—	21.8~25	193(25℃)	638	502	924(100℃)

续表

序号	合金牌号	尺寸规格/mm	热处理状态	屈服强度 $\sigma_{0.2}$/MPa	抗拉强度 σ_b/MPa	伸长率 δ_{10}/%	弹性模量 E/GPa	切变模量 G/GPa	泊松比 μ	硬度	线膨胀系数/ $\mu m/(m \cdot K)$	热导率/ $W/(m \cdot K)$	液相线温度/℃	固相线温度/℃	热容/ $J/(kg \cdot K)$
119		φ120	H112	387	567	19	72	27	0.31	—	21.8~25	193(25℃)	638	502	924(100℃)
120		φ120	H112、淬火+人工时效	361	500	11.5	72	27	0.31	—	21.8~25	193(25℃)	638	502	924(100℃)
121		φ130	T4	370	520	15.5	72	27	0.31	—	21.8~25	193(25℃)	638	502	924(100℃)
122		φ140	T4	351	521	16.5	72	27	0.31	—	21.8~25	193(25℃)	638	502	924(100℃)
123		φ140	H112	380	560	16	72	27	0.31	—	21.8~25	193(25℃)	638	502	924(100℃)
124	2A12 (2024 LY12)	φ140	H112、淬火+自然时效	—	570	20.5	72	27	0.31	—	21.8~25	193(25℃)	638	502	924(100℃)
125		φ150	T4	361	506	13.5	72	27	0.31	—	21.8~25	193(25℃)	638	502	924(100℃)
126		φ150	H112	370	545	18.5	72	27	0.31	—	21.8~25	193(25℃)	638	502	924(100℃)
127		φ150	H112、淬火+人工时效	—	480	11	72	27	0.31	—	21.8~25	193(25℃)	638	502	924(100℃)
128		φ160	T4	380	559	15.5	72	27	0.31	—	21.8~25	193(25℃)	638	502	924(100℃)

续表

序号	合金牌号	尺寸规格/mm	热处理状态	屈服强度 $\sigma_{0.2}$/MPa	抗拉强度 σ_b/MPa	伸长率 δ_{10}/%	弹性模量 E/GPa	切变模量 G/GPa	泊松比 μ	硬度	线膨胀系数/ $\mu m/(m \cdot K)$	热导率/ $W/(m \cdot K)$	液相线温度/℃	固相线温度/℃	比热/ $J/(kg \cdot K)$
129	2A12(2024 LY12)	φ160	H112	367	541	16.5	72	27	0.31	—	21.8~25	193(25℃)	638	502	924(100℃)
130		φ160	H112、淬火+人工时效	—	466	12.5	72	27	0.31	—	21.8~25	193(25℃)	638	502	924(100℃)
131		φ160	H112、T42	—	516	16	72	27	0.31	—	21.8~25	193(25℃)	638	502	924(100℃)
132		φ160	H112、T62	—	515	12.5	72	27	0.31	—	21.8~25	193(25℃)	638	502	924(100℃)
133		φ170	T4	389	575	15.5	72	27	0.31	—	21.8~25	193(25℃)	638	502	924(100℃)
134		φ170	H112	—	538	14	72	27	0.31	—	21.8~25	193(25℃)	638	502	924(100℃)
135		φ170	H112、淬火+自然时效	—	528	13.5	72	27	0.31	—	21.8~25	193(25℃)	638	502	924(100℃)
136		φ170	H112、T42	—	584	16	72	27	0.31	—	21.8~25	193(25℃)	638	502	924(100℃)
137		φ180	H112	374	554	15	72	27	0.31	—	21.8~25	193(25℃)	638	502	924(100℃)
138		φ180	H112、淬火+自然时效	—	542	18	72	27	0.31	—	21.8~25	193(25℃)	638	502	924(100℃)

续表

序号	合金牌号	尺寸规格/mm	热处理状态	屈服强度 $\sigma_{0.2}$/MPa	抗拉强度 σ_b/MPa	伸长率 δ_{10}/%	弹性模量 E/GPa	切变模量 G/GPa	泊松比 μ	硬度	线膨胀系数 $\mu m/(m \cdot K)$	热导率 $W/(m \cdot K)$	液相线温度/℃	固相线温度/℃	热容/$J/(kg \cdot K)$
139		φ180	H112、T42	—	562	18.5	72	27	0.31	—	21.8~25	193(25℃)	638	502	924(100℃)
140		φ190	H112	288	436	10	72	27	0.31	—	21.8~25	193(25℃)	638	502	924(100℃)
141		φ190	H112、淬火+自然时效	—	453	14	72	27	0.31	—	21.8~25	193(25℃)	638	502	924(100℃)
142		φ200	T4	275	455	16.5	72	27	0.31	—	21.8~25	193(25℃)	638	502	924(100℃)
143	2A12 (2024 LY12)	φ200	H112	355	540	18	72	27	0.31	—	21.8~25	193(25℃)	638	502	924(100℃)
144		φ200	H112、淬火+自然时效	—	550	18.5	72	27	0.31	—	21.8~25	193(25℃)	638	502	924(100℃)
145		φ200	H112、T42	—	537	18	72	27	0.31	—	21.8~25	193(25℃)	638	502	924(100℃)
146		φ200	H112、T62	—	474	11.5	72	27	0.31	—	21.8~25	193(25℃)	638	502	924(100℃)
147		φ200	H112、T4	—	537	17.5	72	27	0.31	—	21.8~25	193(25℃)	638	502	924(100℃)
148		φ210	T1	360	530	16	72	27	0.31	—	21.8~25	193(25℃)	638	502	924(100℃)

续表

序号	合金牌号	尺寸规格/mm	热处理状态	屈服强度 $\sigma_{0.2}$/MPa	抗拉强度 σ_b/MPa	伸长率 δ_{10}/%	弹性模量 E/GPa	切变模量 G/GPa	泊松比 μ	硬度	线膨胀系数/$\mu m/(m \cdot K)$	热导率/$W/(m \cdot K)$	液相线温度/℃	固相线温度/℃	热容/$J/(kg \cdot K)$
149	2A12 (2024 LY12)	φ210	H112、T6	—	484	8	72	27	0.31	—	21.8~25	193(25℃)	638	502	924(100℃)
150		φ210	H112 T42	—	542	18	72	27	0.31	—	21.8~25	193(25℃)	638	502	924(100℃)
151		φ210	H112、淬火+自然时效	—	539	12.5	72	27	0.31	—	21.8~25	193(25℃)	638	502	924(100℃)
152		φ220	T4	355	513	15.5	72	27	0.31	—	21.8~25	193(25℃)	638	502	924(100℃)
153		φ220	H112	380	548	18.5	72	27	0.31	—	21.8~25	193(25℃)	638	502	924(100℃)
154		φ220	H112、淬火+自然时效	—	327	2.5	72	27	0.31	—	21.8~25	193(25℃)	638	502	924(100℃)
155		φ230	H112	368	545	17.5	72	27	0.31	—	21.8~25	193(25℃)	638	502	924(100℃)
156		φ240	T4	328	516	18	72	27	0.31	—	21.8~25	193(25℃)	638	502	924(100℃)
157		φ240	H112	351	476	15	72	27	0.31	—	21.8~25	193(25℃)	638	502	924(100℃)
158		φ240	H112、淬火+人工时效	—	403	15.5	72	27	0.31	—	21.8~25	193(25℃)	638	502	924(100℃)

续表

序号	合金牌号	尺寸规格/mm	热处理状态	屈服强度 $\sigma_{0.2}$/MPa	抗拉强度 σ_b/MPa	伸长率 δ_{10}/%	弹性模量 E/GPa	切变模量 G/GPa	泊松比 μ	硬度	线膨胀系数/(μm/(m·K))	热导率/W/(m·K)	液相线温度/℃	固相线温度/℃	热容/J/(kg·K)
159		φ240	H112、淬火+自然时效	—	384	6	72	27	0.31	—	21.8~25	193(25℃)	638	502	924(100℃)
160		φ250	T1	291	438	12	72	27	0.31	—	21.8~25	193(25℃)	638	502	924(100℃)
161		φ250	H112、淬火+人工时效	—	441	5.5	72	27	0.31	—	21.8~25	193(25℃)	638	502	924(100℃)
162	2A12(2024 LY12)	φ250	H112、T42	—	532	17.5	72	27	0.31	—	21.8~25	193(25℃)	638	502	924(100℃)
163		φ250	H112、T62	—	476	13.5	72	27	0.31	—	21.8~25	193(25℃)	638	502	924(100℃)
164		φ250	H112、T4	—	507	17.5	72	27	0.31	—	21.8~25	193(25℃)	638	502	924(100℃)
165		φ260	H112	343	515	17	72	27	0.31	—	21.8~25	193(25℃)	638	502	924(100℃)
166		φ280	H112	350	530	22.5	72	27	0.31	—	21.8~25	193(25℃)	638	502	924(100℃)
167		φ280	H112、淬火+自然时效	—	475	15	72	27	0.31	—	21.8~25	193(25℃)	638	502	924(100℃)

续表

序号	合金牌号	尺寸规格/mm	热处理状态	屈服强度 $\sigma_{0.2}$/MPa	抗拉强度 σ_b/MPa	伸长率 δ_{10}/%	弹性模量 E/GPa	切变模量 G/GPa	泊松比 μ	硬度	线膨胀系数 $\mu v/(m \cdot K)$	热导率 $W/(m \cdot K)$	液相线温度/℃	固相线温度/℃	热容/$J/(kg \cdot K)$
168	2A12(2024 LY12)	φ299	H112	335	520	20	72	27	0.31	—	21.8~25	193(25℃)	638	502	924(100℃)
169		φ299	H112、淬火+自然时效	—	518	19	72	27	0.31	—	21.8~25	193(25℃)	638	502	924(100℃)
170		φ300	H112、T4	—	521	18	72	27	0.31	—	21.8~25	193(25℃)	638	502	924(100℃)
171		φ300	H112、T42	—	521	17.5	72	27	0.31	—	21.8~25	193(25℃)	638	502	924(100℃)
172		φ300	H112、T62	—	472	10.5	72	27	0.31	—	21.8~25	193(25℃)	638	502	924(100℃)
173		φ300	H112、淬火+自然时效	—	503	17	72	27	0.31	—	21.8~25	193(25℃)	638	502	924(100℃)
174		φ300	H112	—	488	15.5	72	27	0.31	—	21.8~25	193(25℃)	638	502	924(100℃)
175		φ310	T1	304	453	12.5	72	27	0.31	—	21.8~25	193(25℃)	638	502	924(100℃)
176		φ310	H112	311	445	12	72	27	0.31	—	21.8~25	193(25℃)	638	502	924(100℃)
177		φ320	T1	330	490	12	72	27	0.31	—	21.8~25	193(25℃)	638	502	924(100℃)
178		φ320	H112	340	498	13	72	27	0.31	—	21.8~25	193(25℃)	638	502	924(100℃)
179		φ350	H112	306	469	19.5	72	27	0.31	—	21.8~25	193(25℃)	638	502	924(100℃)

续表

序号	合金牌号	尺寸规格/mm	热处理状态	屈服强度 $\sigma_{0.2}$/MPa	抗拉强度 σ_b/MPa	伸长率 δ_{10}/%	弹性模量 E/GPa	切变模量 G/GPa	泊松比 μ	硬度	线膨胀系数/μm/(m·K)	热导率/W/(m·K)	液相线温度/℃	固相线温度/℃	热容/J/(kg·K)
180	2A12(2024 LY12)	φ350	H112、T4	—	506	17.5	72	27	0.31	—	21.8~25	193(25℃)	638	502	924(100℃)
181		φ350	H112、T42	—	511	19	72	27	0.31	—	21.8~25	193(25℃)	638	502	924(100℃)
182		φ350	H112、淬火+人工时效	—	501	14.5	72	27	0.31	—	21.8~25	193(25℃)	638	502	924(100℃)
183		φ360	H112	340	510	20.5	72	27	0.31	—	21.8~25	193(25℃)	638	502	924(100℃)
184		φ360	H112、T4	—	500	21	72	27	0.31	—	21.8~25	193(25℃)	638	502	924(100℃)
185		φ360	H112、T42	—	498	18	72	27	0.31	—	21.8~25	193(25℃)	638	502	924(100℃)
186		φ380	H112	338	519	21.5	72	27	0.31	—	21.8~25	193(25℃)	638	502	924(100℃)
187		φ380	H112、T6	—	595	15	72	27	0.31	—	21.8~25	193(25℃)	638	502	924(100℃)
188		φ380	H112、T42	—	465	15.5	72	27	0.31	—	21.8~25	193(25℃)	638	502	924(100℃)
189		φ380	H112、淬火+自然时效	311	488	22	72	27	0.31	—	21.8~25	193(25℃)	638	502	924(100℃)

续表

序号	合金牌号	尺寸规格/mm	热处理状态	屈服强度 $\sigma_{0.2}$/MPa	抗拉强度 σ_b/MPa	伸长率 δ_{10}/%	弹性模量 E/GPa	切变模量 G/GPa	泊松比 μ	硬度	线膨胀系数/ $\mu m/(m \cdot K)$	热导率/ $W/(m \cdot K)$	液相线温度/℃	固相线温度/℃	热容/ $J/(kg \cdot K)$
190		φ400	T1	310	455	12	72	27	0.31	—	21.8~25	193(25℃)	638	502	924(100℃)
191		φ400	H112	297	417	7	72	27	0.31	—	21.8~25	193(25℃)	638	502	924(100℃)
192		φ400	H112、T42	—	491	15	72	27	0.31	—	21.8~25	193(25℃)	638	502	924(100℃)
193		φ400	H112、淬火+自然时效	—	426	11	72	27	0.31	—	21.8~25	193(25℃)	638	502	924(100℃)
194	2A12 (2024 LY12)	φ450	H112	303	478	19	72	27	0.31	—	21.8~25	193(25℃)	638	502	924(100℃)
195		φ450	H112、T42	—	511	21.5	72	27	0.31	—	21.8~25	193(25℃)	638	502	924(100℃)
196		φ480	H112	—	360	4	72	27	0.31	—	21.8~25	193(25℃)	638	502	924(100℃)
197		φ480	H112、T42	—	445	17.5	72	27	0.31	—	21.8~25	193(25℃)	638	502	924(100℃)
198		φ480	H112、淬火+自然时效	—	340	3.5	72	27	0.31	—	21.8~25	193(25℃)	638	502	924(100℃)
199		φ550	T1	308	482	23	72	27	0.31	—	21.8~25	193(25℃)	638	502	924(100℃)

续表

序号	合金牌号	尺寸规格/mm	热处理状态	屈服强度 $\sigma_{0.2}$/MPa	抗拉强度 σ_b/MPa	伸长率 δ_{10}/%	弹性模量 E/GPa	切变模量 G/GPa	泊松比 μ	硬度	线膨胀系数 μm/(m·K)	热导率 W/(m·K)	液相线温度/℃	固相线温度/℃	热容 J/(kg·K)
200		φ25	T6	—	556	13.5	72	27	0.31	—	21.8~25	193(25℃)	638	502	924(100℃)
201		φ35	T6	—	561	14	72	27	0.31	—	21.8~25	193(25℃)	638	502	924(100℃)
202		φ40	T6	—	528	18	72	27	0.31	—	21.8~25	193(25℃)	638	502	924(100℃)
203		φ45	T6	—	530	14.5	72	27	0.31	—	21.8~25	193(25℃)	638	502	924(100℃)
204		φ50	T6	—	524	16	72	27	0.31	—	21.8~25	193(25℃)	638	502	924(100℃)
205	2A14	φ50	H112、淬火+人工时效	—	542	11	72	27	0.31	—	21.8~25	193(25℃)	638	502	924(100℃)
206		φ55	T6	—	557	11.5	72	27	0.31	—	21.8~25	193(25℃)	638	502	924(100℃)
207		φ60	T6	—	525	13.5	72	27	0.31	—	21.8~25	193(25℃)	638	502	924(100℃)
208		φ60	H112	—	572	11	72	27	0.31	—	21.8~25	193(25℃)	638	502	924(100℃)
209		φ65	T6	—	505	15	72	27	0.31	—	21.8~25	193(25℃)	638	502	924(100℃)
210		φ70	T6	—	527	15.5	72	27	0.31	—	21.8~25	193(25℃)	638	502	924(100℃)
211		φ80	T6	—	503	16.5	72	27	0.31	—	21.8~25	193(25℃)	638	502	924(100℃)
212		φ90	T6	—	495	16.5	72	27	0.31	—	21.8~25	193(25℃)	638	502	924(100℃)
213		φ100	T6	—	523	12	72	27	0.31	—	21.8~25	193(25℃)	638	502	924(100℃)
214		φ100	H112、淬火+人工时效	—	422	9.5	72	27	0.31	—	21.8~25	193(25℃)	638	502	924(100℃)

续表

序号	合金牌号	尺寸规格/mm	热处理状态	屈服强度 $\sigma_{0.2}$/MPa	抗拉强度 σ_b/MPa	伸长率 δ_{10}/%	弹性模量 E/GPa	切变模量 G/GPa	泊松比 μ	硬度	线膨胀系数 $\mu V/(m \cdot K)$	热导率 $W/(m \cdot K)$	液相线温度/℃	固相线温度/℃	热容/$J/(kg \cdot K)$
215	2A14	φ110	T6	—	505	17.5	72	27	0.31	—	21.8~25	193(25℃)	638	502	924(100℃)
216		φ120	T6	—	485	14.5	72	27	0.31	—	21.8~25	193(25℃)	638	502	924(100℃)
217		φ130	T6	—	522	12	72	27	0.31	—	21.8~25	193(25℃)	638	502	924(100℃)
218		φ150	T6	—	460	14	72	27	0.31	—	21.8~25	193(25℃)	638	502	924(100℃)
219		φ160	H112、淬火+人工时效	—	516	12	72	27	0.31	—	21.8~25	193(25℃)	638	502	924(100℃)
220		φ160	H112、T4	—	533	13	72	27	0.31	—	21.8~25	193(25℃)	638	502	924(100℃)
221		φ160	H112、T6	—	542	14	72	27	0.31	—	21.8~25	193(25℃)	638	502	924(100℃)
222		φ160	H112、T62	—	511	11.5	72	27	0.31	—	21.8~25	193(25℃)	638	502	924(100℃)
223		φ180	H112、淬火+自然时效	—	494	23.5	72	27	0.31	—	21.8~25	193(25℃)	638	502	924(100℃)
224		φ200	H112、T6	—	523	12.5	72	27	0.31	—	21.8~25	193(25℃)	638	502	924(100℃)

续表

序号	合金牌号	尺寸规格/mm	热处理状态	屈服强度 $\sigma_{0.2}$/MPa	抗拉强度 σ_b/MPa	伸长率 δ_{10}/%	弹性模量 E/GPa	切变模量 G/GPa	泊松比 μ	硬度	线膨胀系数 μm/(m·K)	热导率 W/(m·K)	液相线温度/℃	固相线温度/℃	热容 J/(kg·K)
225	2A14	φ200	H112、T62	—	536	16	72	27	0.31	—	21.8~25	193(25℃)	638	502	924(100℃)
226		φ200	H112、淬火+人工时效	—	482	14	72	27	0.31	—	21.8~25	193(25℃)	638	502	924(100℃)
227		φ250	H112、T6	—	474	8	72	27	0.31	—	21.8~25	193(25℃)	638	502	924(100℃)
228		φ250	H112、T62	418	483	12	72	27	0.31	—	21.8~25	193(25℃)	638	502	924(100℃)
229		φ250	H112、淬火+人工时效	—	478	13.5	72	27	0.31	—	21.8~25	193(25℃)	638	502	924(100℃)
230		φ260	H112	—	499	12.5	72	27	0.31	—	21.8~25	193(25℃)	638	502	924(100℃)
231		φ280	H112	—	524	13.5	72	27	0.31	—	21.8~25	193(25℃)	638	502	924(100℃)
232		φ300	H112、T6	—	531	12	72	27	0.31	—	21.8~25	193(25℃)	638	502	924(100℃)
233		φ300	H112、T62	—	531	13.5	72	27	0.31	—	21.8~25	193(25℃)	638	502	924(100℃)

续表

合金牌号	序号	尺寸规格/mm	热处理状态	屈服强度 $\sigma_{0.2}$/MPa	抗拉强度 σ_b/MPa	伸长率 δ_{10}/%	弹性模量 E/GPa	切变模量 G/GPa	泊松比 μ	硬度	线膨胀系数/ $\mu m/(m \cdot K)$	热导率/ $W/(m \cdot K)$	液相线温度/℃	固相线温度/℃	热容/ $J/(kg \cdot K)$
2A14	234	φ300	H112、淬火+人工时效	—	524	12.5	72	27	0.31	—	21.8~25	193(25℃)	638	502	924(100℃)
	235	φ350	H112、T6	—	458	—	72	27	0.31	—	21.8~25	193(25℃)	638	502	924(100℃)
	236	φ350	H112、T62	—	511	10	72	27	0.31	—	21.8~25	193(25℃)	638	502	924(100℃)
	237	φ350	H112、淬火+人工时效	—	436	2.5	72	27	0.31	—	21.8~25	193(25℃)	638	502	924(100℃)
	238	φ400	H112	—	400	2.5	72	27	0.31	—	21.8~25	193(25℃)	638	502	924(100℃)
	239	φ450	H112、T62	—	486	15.5	72	27	0.31	—	21.8~25	193(25℃)	638	502	924(100℃)
	240	φ450	H112、淬火+人工时效	—	—	12.5	72	27	0.31	—	21.8~25	193(25℃)	638	502	924(100℃)
	241	φ480	H112、T6	—	411	1	72	27	0.31	—	21.8~25	193(25℃)	638	502	924(100℃)

续表

序号	合金牌号	尺寸规格/mm	热处理状态	屈服强度 $\sigma_{0.2}$/MPa	抗拉强度 σ_b/MPa	伸长率 δ_{10}/%	弹性模量 E/GPa	切变模量 G/GPa	泊松比 μ	硬度	线膨胀系数 μm/(m·K)	热导率 W/(m·K)	液相线温度/℃	固相线温度/℃	热容 J/(kg·K)
242		φ500	T1	401	479	14	72	27	0.31	—	21.8~25	193(25℃)	638	502	924(100℃)
243		100×100	T6	—	480	11	72	27	0.31	—	21.8~25	193(25℃)	638	502	924(100℃)
244		120×120	T6	—	495	15.5	72	27	0.31	—	21.8~25	193(25℃)	638	502	924(100℃)
245		140×140	T6	—	505	16	72	27	0.31	—	21.8~25	193(25℃)	638	502	924(100℃)
246		150×150	T6	473	530	15	72	27	0.31	—	21.8~25	193(25℃)	638	502	924(100℃)
247		180×180	T6	—	415	16	72	27	0.31	—	21.8~25	193(25℃)	638	502	924(100℃)
248	2A14	300×300	H112	470	515	14	72	27	0.31	—	21.8~25	193(25℃)	638	502	924(100℃)
249		40×40	T6	—	547	10	72	27	0.31	—	21.8~25	193(25℃)	638	502	924(100℃)
250		50×50	T6	—	548	10	72	27	0.31	—	21.8~25	193(25℃)	638	502	924(100℃)
251		δ1	T6	341	490	19	72	27	0.31	—	21.8~25	193(25℃)	638	502	924(100℃)
252		δ8	H112	234	406	21	72	27	0.31	—	21.8~25	193(25℃)	638	502	924(100℃)
253		δ20	T6	414	451	13.5	72	27	0.31	—	21.8~25	193(25℃)	638	502	924(100℃)
254		δ40	H112、T6	—	477	9	72	27	0.31	—	21.8~25	193(25℃)	638	502	924(100℃)
255		δ40	H112、T62	—	465	8.5	72	27	0.31	—	21.8~25	193(25℃)	638	502	924(100℃)
256		δ60	H112T6	—	460	10	72	27	0.31	—	21.8~25	193(25℃)	638	502	924(100℃)
257		δ60	H112、淬火+自然时效	390	450	15	72	27	0.31	—	21.8~25	193(25℃)	638	502	924(100℃)

续表

序号	合金牌号	尺寸规格/mm	热处理状态	屈服强度 $\sigma_{0.2}$/MPa	抗拉强度 σ_b/MPa	伸长率 δ_{10}/%	弹性模量 E/GPa	切变模量 G/GPa	泊松比 μ	硬度	线膨胀系数 $\mu m/(m \cdot K)$	热导率 W/(m·K)	液相线温度/℃	固相线温度/℃	热容 J/(kg·K)
258	2A14	δ80	H112	393	469	10	72	27	0.31	—	21.8~25	193(25℃)	638	502	924(100℃)
259		δ80	H112、淬火+人工时效	—	467	12	72	27	0.31	—	21.8~25	193(25℃)	638	502	924(100℃)
260		δ80	T651	441	481	11	72	27	0.31	—	21.8~25	193(25℃)	638	502	924(100℃)
261		δ100	H112、T62	—	507	6	72	27	0.31	—	21.8~25	193(25℃)	638	502	924(100℃)
262		δ100	H112	432	494	8.5	72	27	0.31	—	21.8~25	193(25℃)	638	502	924(100℃)
263		δ300	H112、淬火+人工时效	—	438	5.5	72	27	0.31	—	21.8~25	193(25℃)	638	502	924(100℃)
264	2219	δ10	CS	263	397	17.5	72	27	0.31	—	21.8~25	193(25℃)	638	502	924(100℃)
265		δ100	T6	375	491	16	72	27	0.31	—	21.8~25	193(25℃)	638	502	924(100℃)
266	5A06	φ15	H112	209	377	28	72	27	0.31	—	21.8~25	193(25℃)	638	502	924(100℃)
267		φ20	O	219	367	34	72	27	0.31	—	21.8~25	193(25℃)	638	502	924(100℃)
268		φ20	H112	178	358	38	72	27	0.31	—	21.8~25	193(25℃)	638	502	924(100℃)
269		φ30	H112	222	374	26	72	27	0.31	—	21.8~25	193(25℃)	638	502	924(100℃)
270		φ35	H112	260	429	17	72	27	0.31	—	21.8~25	193(25℃)	638	502	924(100℃)

续表

序号	合金牌号	尺寸规格/mm	热处理状态	屈服强度 $\sigma_{0.2}$/MPa	抗拉强度 σ_b/MPa	伸长率 δ_{10}/%	弹性模量 E/GPa	切变模量 G/GPa	泊松比 μ	硬度	线膨胀系数 $\mu m/(m \cdot K)$	热导率 W/(m·K)	液相线温度/℃	固相线温度/℃	热容/J/(kg·K)
271		φ40	H112	244	412	16.5	72	27	0.31	—	21.8~25	193(25℃)	638	502	924(100℃)
272		φ45	H112	219	384	28	72	27	0.31	—	21.8~25	193(25℃)	638	502	924(100℃)
273		φ50	H112	237	408	22	72	27	0.31	—	21.8~25	193(25℃)	638	502	924(100℃)
274		φ50	O	205	408	20	72	27	0.31	—	21.8~25	193(25℃)	638	502	924(100℃)
275		φ60	H112	234	421	24.5	72	27	0.31	—	21.8~25	193(25℃)	638	502	924(100℃)
276		φ65	H112	213	417	21	72	27	0.31	—	21.8~25	193(25℃)	638	502	924(100℃)
277		φ70	H112	208	395	27	72	27	0.31	—	21.8~25	193(25℃)	638	502	924(100℃)
278		φ70	O	218	388	26	72	27	0.31	—	21.8~25	193(25℃)	638	502	924(100℃)
279		φ80	H112	213	388	27.5	72	27	0.31	—	21.8~25	193(25℃)	638	502	924(100℃)
280	5A06	φ85	H112	238	405	24.5	72	27	0.31	—	21.8~25	193(25℃)	638	502	924(100℃)
281		φ90	H112	210	404	23	72	27	0.31	—	21.8~25	193(25℃)	638	502	924(100℃)
282		φ100	H112	202	401	21.5	72	27	0.31	—	21.8~25	193(25℃)	638	502	924(100℃)
283		φ110	H112	194	383	26	72	27	0.31	—	21.8~25	193(25℃)	638	502	924(100℃)
284		φ120	H112	206	421	17	72	27	0.31	—	21.8~25	193(25℃)	638	502	924(100℃)
285		φ130	H112	205	386	23	72	27	0.31	—	21.8~25	193(25℃)	638	502	924(100℃)
286		φ140	H112	206	395	25	72	27	0.31	—	21.8~25	193(25℃)	638	502	924(100℃)
287		φ150	H112	198	400	18.5	72	27	0.31	—	21.8~25	193(25℃)	638	502	924(100℃)
288		φ160	H112	206	389	21.5	72	27	0.31	—	21.8~25	193(25℃)	638	502	924(100℃)
289		φ170	H112	199	422	20.5	72	27	0.31	—	21.8~25	193(25℃)	638	502	924(100℃)

续表

序号	合金牌号	尺寸规格/mm	热处理状态	屈服强度 $\sigma_{0.2}$/MPa	抗拉强度 σ_b/MPa	伸长率 δ_{10}/%	弹性模量 E/GPa	切变模量 G/GPa	泊松比 μ	硬度	线膨胀系数 μm/(m·K)	热导率 W/(m·K)	液相线温度/℃	固相线温度/℃	热容 J/(kg·K)
290	5A06	φ180	H112	183	381	31	72	27	0.31	—	21.8~25	193(25℃)	638	502	924(100℃)
291		φ200	H112	187	385	18.5	72	27	0.31	—	21.8~25	193(25℃)	638	502	924(100℃)
292		φ210	H112	200	400	22	72	27	0.31	—	21.8~25	193(25℃)	638	502	924(100℃)
293		φ220	H112	183	382	29.5	72	27	0.31	—	21.8~25	193(25℃)	638	502	924(100℃)
294		φ230	H112	189	384	23	72	27	0.31	—	21.8~25	193(25℃)	638	502	924(100℃)
295		φ250	H112	168	372	30.5	72	27	0.31	—	21.8~25	193(25℃)	638	502	924(100℃)
296		φ280	H112	183	392	25	72	27	0.31	—	21.8~25	193(25℃)	638	502	924(100℃)
297		φ300	H112	166	366	25.5	72	27	0.31	—	21.8~25	193(25℃)	638	502	924(100℃)
298		φ320	H112	178	390	23	72	27	0.31	—	21.8~25	193(25℃)	638	502	924(100℃)
299		φ350	H112	155	352	25.5	72	27	0.31	—	21.8~25	193(25℃)	638	502	924(100℃)
300		φ360	H112	161	357	25	72	27	0.31	—	21.8~25	193(25℃)	638	502	924(100℃)
301		φ380	H112	173	374	27	72	27	0.31	—	21.8~25	193(25℃)	638	502	924(100℃)
302		φ400	H112	168	371	24	72	27	0.31	—	21.8~25	193(25℃)	638	502	924(100℃)
303		φ420	H112	170	392	24	72	27	0.31	—	21.8~25	193(25℃)	638	502	924(100℃)
304		φ450	H112	142	348	31	72	27	0.31	—	21.8~25	193(25℃)	638	502	924(100℃)
305		φ500	H112	155	352	28	72	27	0.31	—	21.8~25	193(25℃)	638	502	924(100℃)
306		δ1	O	155	353	18	72	27	0.31	—	21.8~25	193(25℃)	638	502	924(100℃)
307		δ1.2	O	175	378	19	72	27	0.31	—	21.8~25	193(25℃)	638	502	924(100℃)
308		δ1.5	O	165	368	25	72	27	0.31	—	21.8~25	193(25℃)	638	502	924(100℃)

续表

序号	合金牌号	尺寸规格/mm	热处理状态	屈服强度 $\sigma_{0.2}$/MPa	抗拉强度 σ_b/MPa	伸长率 δ_{10}/%	弹性模量 E/GPa	切变模量 G/GPa	泊松比 μ	硬度	线膨胀系数/ $\mu m/(m \cdot K)$	热导率/ $W/(m \cdot K)$	液相线温度/℃	固相线温度/℃	热容/ $J/(kg \cdot K)$
309	5A06	δ1.5	H112	167	360	25.5	72	27	0.31	—	21.8~25	193(25℃)	638	502	924(100℃)
310		δ2	O	162	377	9.5	72	27	0.31	—	21.8~25	193(25℃)	638	502	924(100℃)
311		δ2.5	O	157	—	—	72	27	0.31	—	21.8~25	193(25℃)	638	502	924(100℃)
312		δ3	O	155	350	20	72	27	0.31	—	21.8~25	193(25℃)	638	502	924(100℃)
313		δ3.5	O	—	325	—	72	27	0.31	—	21.8~25	193(25℃)	638	502	924(100℃)
314		δ4	O	167	357	25	72	27	0.31	—	21.8~25	193(25℃)	638	502	924(100℃)
315		δ5	H112	175	360	23.5	72	27	0.31	—	21.8~25	193(25℃)	638	502	924(100℃)
316		δ6	H112	225	405	16	72	27	0.31	—	21.8~25	193(25℃)	638	502	924(100℃)
317		δ8	H112	237	390	19	72	27	0.31	—	21.8~25	193(25℃)	638	502	924(100℃)
318		δ10	H112	189	394	28	72	27	0.31	—	21.8~25	193(25℃)	638	502	924(100℃)
319		δ12	H112	175	372	21	72	27	0.31	—	21.8~25	193(25℃)	638	502	924(100℃)
320		δ14	H112	—	380	28	72	27	0.31	—	21.8~25	193(25℃)	638	502	924(100℃)
321		δ15	H112	198	386	26.5	72	27	0.31	—	21.8~25	193(25℃)	638	502	924(100℃)
322		δ18	H112	164	384	24.5	72	27	0.31	—	21.8~25	193(25℃)	638	502	924(100℃)
323		δ20	H112	237	404	25.5	72	27	0.31	—	21.8~25	193(25℃)	638	502	924(100℃)
324		δ25	H112	158	358	26.5	72	27	0.31	—	21.8~25	193(25℃)	638	502	924(100℃)
325		δ30	H112	168	365	26.5	72	27	0.31	—	21.8~25	193(25℃)	638	502	924(100℃)
326		δ40	H112	181	390	22	72	27	0.31	—	21.8~25	193(25℃)	638	502	924(100℃)
327		δ50	H112	176	358	25.5	72	27	0.31	—	21.8~25	193(25℃)	638	502	924(100℃)

续表

序号	合金牌号	尺寸规格/mm	热处理状态	屈服强度 $\sigma_{0.2}$/MPa	抗拉强度 σ_b/MPa	伸长率 δ_{10}/%	弹性模量 E/GPa	切变模量 G/GPa	泊松比 μ	硬度	线膨胀系数 $\mu m/(m\cdot K)$	热导率 $W/(m\cdot K)$	液相线温度/℃	固相线温度/℃	热容 $J/(kg\cdot K)$
328	5A06	δ60	H112	178	359	24	72	27	0.31	—	21.8~25	193(25℃)	638	502	924(100℃)
329		δ65	H112	167	337	13	72	27	0.31	—	21.8~25	193(25℃)	638	502	924(100℃)
330		δ70	H112	166	356	24.5	72	27	0.31	—	21.8~25	193(25℃)	638	502	924(100℃)
331		δ80	H112	168	365	26.5	72	27	0.31	—	21.8~25	193(25℃)	638	502	924(100℃)
332		δ90	H112	157	345	25	72	27	0.31	—	21.8~25	193(25℃)	638	502	924(100℃)
333		δ100	H112	191	365	24.5	72	27	0.31	—	21.8~25	193(25℃)	638	502	924(100℃)
334		δ110	H112	169	357	22.5	72	27	0.31	—	21.8~25	193(25℃)	638	502	924(100℃)
335		δ120	H112	128	207	13	72	27	0.31	—	21.8~25	193(25℃)	638	502	924(100℃)
336		δ130	H112	170	364	25	72	27	0.31	—	21.8~25	193(25℃)	638	502	924(100℃)
337		δ135	H112	186	369	29.5	72	27	0.31	—	21.8~25	193(25℃)	638	502	924(100℃)
338		δ140	H112	169	350	27	72	27	0.31	—	21.8~25	193(25℃)	638	502	924(100℃)
339		δ150	H112	179	363	24	72	27	0.31	—	21.8~25	193(25℃)	638	502	924(100℃)
340		δ160	H112	164	369	25	72	27	0.31	—	21.8~25	193(25℃)	638	502	924(100℃)
341		δ190	H112	164	348	24	72	27	0.31	—	21.8~25	193(25℃)	638	502	924(100℃)
342		δ215	H112	167	364	24	72	27	0.31	—	21.8~25	193(25℃)	638	502	924(100℃)
343	5B70	δ5	H32	—	337	—	72	27	0.31	—	21.8~25	193(25℃)	638	502	924(100℃)
344		δ5.2	H32	297	426	14	72	27	0.31	—	21.8~25	193(25℃)	638	502	924(100℃)
345		δ6	H32	293	429	16	72	27	0.31	—	21.8~25	193(25℃)	638	502	924(100℃)
346		δ8	H32	—	358	—	72	27	0.31	—	21.8~25	193(25℃)	638	502	924(100℃)

续表

序号	合金牌号	尺寸规格/mm	热处理状态	屈服强度 $\sigma_{0.2}$/MPa	抗拉强度 σ_b/MPa	伸长率 δ_{10}/%	弹性模量 E/GPa	切变模量 G/GPa	泊松比 μ	硬度	线膨胀系数/ $\mu m/(m \cdot K)$	热导率/ $W/(m \cdot K)$	液相线温度/℃	固相线温度/℃	热容/ $J/(kg \cdot K)$
347		825	H112	265	400	23.6	72	27	0.31	—	21.8~25	193(25℃)	638	502	924(100℃)
348		830	H112	290	439	14.5	72	27	0.31	—	21.8~25	193(25℃)	638	502	924(100℃)
349		835	H112	292	433	14	72	27	0.31	—	21.8~25	193(25℃)	638	502	924(100℃)
350		845	H112	234	391	26	72	27	0.31	—	21.8~25	193(25℃)	638	502	924(100℃)
351		850	H112	272	429	20	72	27	0.31	—	21.8~25	193(25℃)	638	502	924(100℃)
352		860	H112	261	384	22	72	27	0.31	—	21.8~25	193(25℃)	638	502	924(100℃)
353	5B70	φ1380×φ800×320	H112	255	395	22.5	72	27	0.31	—	21.8~25	193(25℃)	638	502	924(100℃)
354		1580×1250×160	H112	356	404	11.6	72	27	0.31	—	21.8~25	193(25℃)	638	502	924(100℃)
355		φ1620×φ900×290	H112	230	388	21.5	72	27	0.31	—	21.8~25	193(25℃)	638	502	924(100℃)
356		φ2450×φ1860×250	H112	232	388	22.5	72	27	0.31	—	21.8~25	193(25℃)	638	502	924(100℃)
357		φ2610×φ2030×270	H112	232	388	22.5	72	27	0.31	—	21.8~25	193(25℃)	638	502	924(100℃)

续表

序号	合金牌号	尺寸规格/mm	热处理状态	屈服强度 $\sigma_{0.2}$/MPa	抗拉强度 σ_b/MPa	伸长率 δ_{10}/%	弹性模量 E/GPa	切变模量 G/GPa	泊松比 μ	硬度	线膨胀系数/ $\mu m/(m \cdot K)$	热导率/ $W/(m \cdot K)$	液相线温度/℃	固相线温度/℃	热容/ $J/(kg \cdot K)$
358	5B70	φ3380×2880×170	H112	271	379	16	72	27	0.31	—	21.8~25	193(25℃)	638	502	924(100℃)
359		φ3320×3020×150	H112	305	413	18	72	27	0.31	—	21.8~25	193(25℃)	638	502	924(100℃)
360		δ1	T6	290	351	17	72	27	0.31	—	21.8~25	193(25℃)	638	502	924(100℃)
361		δ15	T651	298	318	19	72	27	0.31	—	21.8~25	193(25℃)	638	502	924(100℃)
362		δ16	T651	279	311	20.5	72	27	0.31	—	21.8~25	193(25℃)	638	502	924(100℃)
363		δ18	H112	270	302	19.5	72	27	0.31	—	21.8~25	193(25℃)	638	502	924(100℃)
364		δ20	T651	255	273	16	72	27	0.31	—	21.8~25	193(25℃)	638	502	924(100℃)
365		δ25	T6	282	312	13	72	27	0.31	—	21.8~25	193(25℃)	638	502	924(100℃)
366		δ31	T651	286	313	11	72	27	0.31	—	21.8~25	193(25℃)	638	502	924(100℃)
367	6061	δ55	T6	275	311	13.5	72	27	0.31	—	21.8~25	193(25℃)	638	502	924(100℃)
368		δ65	T651	147	222	15.5	72	27	0.31	—	21.8~25	193(25℃)	638	502	924(100℃)
369		δ80	T6	289	308	16	72	27	0.31	—	21.8~25	193(25℃)	638	502	924(100℃)
370		δ3.5	T5	219	248		72	27	0.31	—	21.8~25	193(25℃)	638	502	924(100℃)
371		δ6	T5	276	302		72	27	0.31	—	21.8~25	193(25℃)	638	502	924(100℃)
372		δ152.4	T651	310	332	15.5	72	27	0.31	—	21.8~25	193(25℃)	638	502	924(100℃)
373		δ165	T651	284	338	11.5	72	27	0.31	—	21.8~25	193(25℃)	638	502	924(100℃)
374		δ300	T6	207	234	15	72	27	0.31	—	21.8~25	193(25℃)	638	502	924(100℃)

续表

序号	合金牌号	尺寸规格/mm	热处理状态	屈服强度 $\sigma_{0.2}$/MPa	抗拉强度 σ_b/MPa	伸长率 δ_{10}/%	弹性模量 E/GPa	切变模量 G/GPa	泊松比 μ	硬度	线膨胀系数/ $\mu m/(m \cdot K)$	热导率/ $W/(m \cdot K)$	液相线温度/℃	固相线温度/℃	热容/ $J/(kg \cdot K)$
375	7A09	φ25	T6	560	613	9.5	72	27	0.31	—	21.8~25	193(25℃)	638	502	924(100℃)
376		φ50	T6	572	617	12	72	27	0.31	—	21.8~25	193(25℃)	638	502	924(100℃)
377		φ65	T6	543	605	11	72	27	0.31	—	21.8~25	193(25℃)	638	502	924(100℃)
378		φ100	T6	535	596	11	72	27	0.31	—	21.8~25	193(25℃)	638	502	924(100℃)
379		φ120	T6	548	590	10	72	27	0.31	—	21.8~25	193(25℃)	638	502	924(100℃)
380		φ120	T6511	573	618	11	72	27	0.31	—	21.8~25	193(25℃)	638	502	924(100℃)
381		φ130	T6	531	595	11	72	27	0.31	—	21.8~25	193(25℃)	638	502	924(100℃)
382		φ140	T6	565	615	11.5	72	27	0.31	—	21.8~25	193(25℃)	638	502	924(100℃)
383		φ150	T6	514	530	12	72	27	0.31	—	21.8~25	193(25℃)	638	502	924(100℃)
384		φ160	T6511	549	609	10.5	72	27	0.31	—	21.8~25	193(25℃)	638	502	924(100℃)
385		φ170	H112	565	618	11.5	72	27	0.31	—	21.8~25	193(25℃)	638	502	924(100℃)
386		φ170	H112、T62	—	568	13	72	27	0.31	—	21.8~25	193(25℃)	638	502	924(100℃)
387		φ170	T6511	502	577	11.5	72	27	0.31	—	21.8~25	193(25℃)	638	502	924(100℃)
388		φ200	T6511	481	555	9.5	72	27	0.31	—	21.8~25	193(25℃)	638	502	924(100℃)
389		φ210	T6511	514	559	12.5	72	27	0.31	—	21.8~25	193(25℃)	638	502	924(100℃)
390		φ230	H112	477	562	13	72	27	0.31	—	21.8~25	193(25℃)	638	502	924(100℃)
391		φ250	H112	579	626	13.5	72	27	0.31	—	21.8~25	193(25℃)	638	502	924(100℃)
392		φ250	H112、T6	—	602	12.5	72	27	0.31	—	21.8~25	193(25℃)	638	502	924(100℃)

续表

序号	合金牌号	尺寸规格/mm	热处理状态	屈服强度 $\sigma_{0.2}$/MPa	抗拉强度 σ_b/MPa	伸长率 δ_{10}/%	弹性模量 E/GPa	切变模量 G/GPa	泊松比 μ	硬度	线膨胀系数 μm/(m·K)	热导率 W/(m·K)	液相线温度/℃	固相线温度/℃	热容 J/(kg·K)
393		φ250	H112、T62	—	604	14.5	72	27	0.31	—	21.8~25	193(25℃)	638	502	924(100℃)
394		φ265	H112	591	623	12.5	72	27	0.31	—	21.8~25	193(25℃)	638	502	924(100℃)
395		φ280	H112	516	572	15.5	72	27	0.31	—	21.8~25	193(25℃)	638	502	924(100℃)
396		φ280	H112、T62	—	563	12	72	27	0.31	—	21.8~25	193(25℃)	638	502	924(100℃)
397		φ380	H112	525	590	13	72	27	0.31	—	21.8~25	193(25℃)	638	502	924(100℃)
398		φ380	H112、T6	497	570	13	72	27	0.31	—	21.8~25	193(25℃)	638	502	924(100℃)
399	7A09	φ380	H112、T62	484	550	14.5	72	27	0.31	—	21.8~25	193(25℃)	638	502	924(100℃)
400		φ400	H112	523	576	14	72	27	0.31	—	21.8~25	193(25℃)	638	502	924(100℃)
401		φ400	T62	—	572	13	72	27	0.31	—	21.8~25	193(25℃)	638	502	924(100℃)
402		60×60	H112	658	674	13.5	72	27	0.31	—	21.8~25	193(25℃)	638	502	924(100℃)
403		100×100	T6511	531	586	12	72	27	0.31	—	21.8~25	193(25℃)	638	502	924(100℃)
404		130×130	T6511	540	601	9.5	72	27	0.31	—	21.8~25	193(25℃)	638	502	924(100℃)
405		150×150	H112	642	675	10	72	27	0.31	—	21.8~25	193(25℃)	638	502	924(100℃)
406		150×150	H112、淬火+人工时效	—	611	14.5	72	27	0.31	—	21.8~25	193(25℃)	638	502	924(100℃)

续表

序号	合金牌号	尺寸规格/mm	热处理状态	屈服强度 $\sigma_{0.2}$/MPa	抗拉强度 σ_b/MPa	伸长率 δ_{10}/%	弹性模量 E/GPa	切变模量 G/GPa	泊松比 μ	硬度	线膨胀系数/ $\mu m/(m \cdot K)$	热导率/ $W/(m \cdot K)$	液相线温度/℃	固相线温度/℃	热容/ $J/(kg \cdot K)$
407		180×180	T6511	538	583	12	72	27	0.31	—	21.8~25	193(25℃)	638	502	924(100℃)
408		180×180	H112	—	612	12	72	27	0.31	—	21.8~25	193(25℃)	638	502	924(100℃)
409		250×220	H112	576	628	11.5	72	27	0.31	—	21.8~25	193(25℃)	638	502	924(100℃)
410		δ30	T6	555	600	11	72	27	0.31	—	21.8~25	193(25℃)	638	502	924(100℃)
411		δ60	T651	455	529	11	72	27	0.31	—	21.8~25	193(25℃)	638	502	924(100℃)
412		δ70	T651	475	565	7.5	72	27	0.31	—	21.8~25	193(25℃)	638	502	924(100℃)
413		δ70	T652	503	576	12	72	27	0.31	—	21.8~25	193(25℃)	638	502	924(100℃)
414		δ80	T651	470	524	10.5	72	27	0.31	—	21.8~25	193(25℃)	638	502	924(100℃)
415		δ90	H112	480	550	11	72	27	0.31	—	21.8~25	193(25℃)	638	502	924(100℃)
416	7A09	δ110	H112	478	542	9.5	72	27	0.31	—	21.8~25	193(25℃)	638	502	924(100℃)
417		δ110	H112、T62	—	546	10.5	72	27	0.31	—	21.8~25	193(25℃)	638	502	924(100℃)
418		δ110	H112、淬火+人工时效	—	603	12.5	72	27	0.31	—	21.8~25	193(25℃)	638	502	924(100℃)
419		δ140	H112	481	540	8.5	72	27	0.31	—	21.8~25	193(25℃)	638	502	924(100℃)
420		δ140	H112、T6	—	512	2.5	72	27	0.31	—	21.8~25	193(25℃)	638	502	924(100℃)
421		δ140	H112、T62	—	566	10.5	72	27	0.31	—	21.8~25	193(25℃)	638	502	924(100℃)

续表

序号	合金牌号	尺寸规格/mm	热处理状态	屈服强度 $\sigma_{0.2}$/MPa	抗拉强度 σ_b/MPa	伸长率 δ_{10}/%	弹性模量 E/GPa	切变模量 G/GPa	泊松比 μ	硬度	线膨胀系数/$\mu m/(m \cdot K)$	热导率/$W/(m \cdot K)$	液相线温度/℃	固相线温度/℃	热容/$J/(kg \cdot K)$
422	7A09	δ140	H112、淬火+人工时效	—	552	15	72	27	0.31	—	21.8~25	193(25℃)	638	502	924(100℃)
423		δ150	H112、淬火+人工时效	—	606	14	72	27	0.31	—	21.8~25	193(25℃)	638	502	924(100℃)
424		δ190	H112、T62	593	632	12.5	72	27	0.31	—	21.8~25	193(25℃)	638	502	924(100℃)
425		δ265	H112、T62	562	607	12	72	27	0.31	—	21.8~25	193(25℃)	638	502	924(100℃)
426		φ20	T6	612	650	12	72	27	0.31	—	21.8~25	193(25℃)	638	502	924(100℃)
427		φ25	T6	606	649	11	72	27	0.31	—	21.8~25	193(25℃)	638	502	924(100℃)
428		φ25	T6511	572	583	12.5	72	27	0.31	—	21.8~25	193(25℃)	638	502	924(100℃)
429		φ35	T6511	535	583	11	72	27	0.31	—	21.8~25	193(25℃)	638	502	924(100℃)
430	7075	φ45	T6	446	509	13	72	27	0.31	—	21.8~25	193(25℃)	638	502	924(100℃)
431		φ45	T6511	510	571	12	72	27	0.31	—	21.8~25	193(25℃)	638	502	924(100℃)
432		φ50	T6511	573	615	12	72	27	0.31	—	21.8~25	193(25℃)	638	502	924(100℃)
433		φ220	T6	433	537	10	72	27	0.31	—	21.8~25	193(25℃)	638	502	924(100℃)
434		δ1.5	T6	436	512	17	72	27	0.31	—	21.8~25	193(25℃)	638	502	924(100℃)

续表

序号	合金牌号	尺寸规格/mm	热处理状态	屈服强度 $\sigma_{0.2}$/MPa	抗拉强度 σ_b/MPa	伸长率 δ_{10}/%	弹性模量 E/GPa	切变模量 G/GPa	泊松比 μ	硬度	线膨胀系数/$\mu m/(m \cdot K)$	热导率/$W/(m \cdot K)$	液相线温度/℃	固相线温度/℃	热容/$J/(kg \cdot K)$
435		δ3	T6	496	566	13	72	27	0.31	—	21.8~25	193(25℃)	638	502	924(100℃)
436		δ6	淬火+人工时效	495	550	14.5	72	27	0.31	—	21.8~25	193(25℃)	638	502	924(100℃)
437		δ8	T6	526	587	11	72	27	0.31	—	21.8~25	193(25℃)	638	502	924(100℃)
438	7075	δ8	淬火+人工时效	555	625	13	72	27	0.31	—	21.8~25	193(25℃)	638	502	924(100℃)
439		δ15	T6	505	574	13	72	27	0.31	—	21.8~25	193(25℃)	638	502	924(100℃)
440		δ25	T6	524	597	14	72	27	0.31	—	21.8~25	193(25℃)	638	502	924(100℃)
441		δ30	T651	496	566	13	72	27	0.31	—	21.8~25	193(25℃)	638	502	924(100℃)
442		δ35	T6	540	581	13.5	72	27	0.31	—	21.8~25	193(25℃)	638	502	924(100℃)
443		δ40	T6	486	566	14	72	27	0.31	—	21.8~25	193(25℃)	638	502	924(100℃)
444		δ45	H112	525	585	8.5	72	27	0.31	—	21.8~25	193(25℃)	638	502	924(100℃)
445		δ45	T62	547	612	12	72	27	0.31	—	21.8~25	193(25℃)	638	502	924(100℃)
446		δ50	H112	520	585	9.2	72	27	0.31	—	21.8~25	193(25℃)	638	502	924(100℃)
447		δ50	T6	521	580	14	72	27	0.31	—	21.8~25	193(25℃)	638	502	924(100℃)
448		δ60	T6	489	546	16.5	72	27	0.31	—	21.8~25	193(25℃)	638	502	924(100℃)
449		δ65	H112、T6	525	575	7	72	27	0.31	—	21.8~25	193(25℃)	638	502	924(100℃)

续表

序号	合金牌号	尺寸规格/mm	热处理状态	屈服强度 $\sigma_{0.2}$/MPa	抗拉强度 σ_b/MPa	伸长率 δ_{10}/%	弹性模量 E/GPa	切变模量 G/GPa	泊松比 μ	硬度	线膨胀系数/ $\mu m/(m \cdot K)$	热导率/ $W/(m \cdot K)$	液相线温度/℃	固相线温度/℃	热容/ $J/(kg \cdot K)$
450	7075	δ70	T651	499	566	12	72	27	0.31	—	21.8~25	193(25℃)	638	502	924(100℃)
451		δ75	T651	237	344	12	72	27	0.31	—	21.8~25	193(25℃)	638	502	924(100℃)
452		δ75	T6	505	554	16	72	27	0.31	—	21.8~25	193(25℃)	638	502	924(100℃)
453		δ76	T651	488	550	11.5	72	27	0.31	—	21.8~25	193(25℃)	638	502	924(100℃)
454		δ80	T6	381	500	13.5	72	27	0.31	—	21.8~25	193(25℃)	638	502	924(100℃)
455		δ100	T6	381	487	10	72	27	0.31	—	21.8~25	193(25℃)	638	502	924(100℃)
456		δ101	T7351	388	467	12	72	27	0.31	—	21.8~25	193(25℃)	638	502	924(100℃)
457		δ120	H112	495	540	5	72	27	0.31	—	21.8~25	193(25℃)	638	502	924(100℃)
458		δ145	T651	415	506	9	72	27	0.31	—	21.8~25	193(25℃)	638	502	924(100℃)
459		δ152	T651	505	558	14.5	72	27	0.31	—	21.8~25	193(25℃)	638	502	924(100℃)
460		δ180	T6	445	527	10	72	27	0.31	—	21.8~25	193(25℃)	638	502	924(100℃)
461		δ196	T652	441	533	10.5	72	27	0.31	—	21.8~25	193(25℃)	638	502	924(100℃)
462		δ320	T652	391	479	8	72	27	0.31	—	21.8~25	193(25℃)	638	502	924(100℃)
463	ZL114A	—	T5	282	328	2	72	27	0.32	—	21.8~25	193(25℃)	638	502	924(100℃)

附表 2 航天器结构用镁合金材料复验性能数据

序号	合金牌号	尺寸/规格	热处理状态	屈服强度 $\sigma_{0.2}$/MPa	抗拉强度 σ_b/MPa	伸长率 δ_{10}/%	弹性模量 E/GPa	泊松比 μ	线膨胀系数 μm/(m·K)	热导率 W/(m·K)	液相线温度/℃	固相线温度/℃	热容 J/(kg·K)
1	MB2	δ3	O	133	259	20.5	42	0.35	25~29(25℃)	158(25℃)	627	566	1025(25℃)
2		δ10	H112	141	255	19.5	42	0.35	25~29(25℃)	158(25℃)	627	566	1025(25℃)
3		δ20	H112	97	—	—	42	0.35	25~29(25℃)	158(25℃)	627	566	1025(25℃)
4		δ28	H112	—	255	18	42	0.35	25~29(25℃)	158(25℃)	627	566	1025(25℃)
5		δ30	H112	144	251	16	42	0.35	25~29(25℃)	158(25℃)	627	566	1025(25℃)
6		δ35	H112	—	253	13.5	42	0.35	25~29(25℃)	158(25℃)	627	566	1025(25℃)
7		δ40	H112	99	—	—	42	0.35	25~29(25℃)	158(25℃)	627	566	1025(25℃)
8		δ45	H112	—	254	18	42	0.35	25~29(25℃)	158(25℃)	627	566	1025(25℃)
9		δ50	H112	141	247	19	42	0.35	25~29(25℃)	158(25℃)	627	566	1025(25℃)
10		δ60	H112	140	249	15.5	42	0.35	25~29(25℃)	158(25℃)	627	566	1025(25℃)
11		δ70	H112	—	244	17	42	0.35	25~29(25℃)	158(25℃)	627	566	1025(25℃)
12		δ80	H112	170	267	12.5	42	0.35	25~29(25℃)	158(25℃)	627	566	1025(25℃)
13		δ120	H112	77	—	—	42	0.35	25~29(25℃)	158(25℃)	627	566	1025(25℃)
14	MB15	δ5	T5	—	296	17.5	42	0.35	25~29(25℃)	158(25℃)	627	566	1025(25℃)
15		δ6	T5	—	275	10	42	0.35	25~29(25℃)	158(25℃)	627	566	1025(25℃)
16		δ8	T5	—	200	5.5	42	0.35	25~29(25℃)	158(25℃)	627	566	1025(25℃)
17		δ10	T5	—	277	20	42	0.35	25~29(25℃)	158(25℃)	627	566	1025(25℃)
18		δ10	T5	—	285	12.5	42	0.35	25~29(25℃)	158(25℃)	627	566	1025(25℃)
19		δ12	T5	—	283	20.5	42	0.35	25~29(25℃)	158(25℃)	627	566	1025(25℃)

续表

序号	合金牌号	尺寸/规格	热处理状态	屈服强度 $\sigma_{0.2}$/MPa	抗拉强度 σ_b/MPa	伸长率 δ_{10}/%	弹性模量 E/GPa	泊松比 μ	线膨胀系数/ $\mu m/(m \cdot K)$	热导率/ $W/(m \cdot K)$	液相线温度/℃	固相线温度/℃	热容/ $J/(kg \cdot K)$
20	MB15	δ13	T5	—	296	17	42	0.35	25~29	158(25℃)	627	566	1025(25℃)
21		δ15	T5	—	293	11.5	42	0.35	25~29	158(25℃)	627	566	1025(25℃)
22		δ17	T5	—	280	13	42	0.35	25~29	158(25℃)	627	566	1025(25℃)
23		δ20	T5	—	281	11	42	0.35	25~29	158(25℃)	627	566	1025(25℃)
24		δ25	T5	—	302	10	42	0.35	25~29	158(25℃)	627	566	1025(25℃)
25		δ27	T5	—	291	17	42	0.35	25~29	158(25℃)	627	566	1025(25℃)
26		δ30	T5	—	292	10	42	0.35	25~29	158(25℃)	627	566	1025(25℃)
27		δ32	T5	—	291	13.5	42	0.35	25~29	158(25℃)	627	566	1025(25℃)
28		δ33	T5	—	300	16.5	42	0.35	25~29	158(25℃)	627	566	1025(25℃)
29		δ35	T5	—	289	11	42	0.35	25~29	158(25℃)	627	566	1025(25℃)
30		δ37	T5	—	283	14.5	42	0.35	25~29	158(25℃)	627	566	1025(25℃)
31		δ38	T5	—	289	16	42	0.35	25~29	158(25℃)	627	566	1025(25℃)
32		δ40	T5	—	305	8.5	42	0.35	25~29	158(25℃)	627	566	1025(25℃)
33		δ45	T5	—	279	11.5	42	0.35	25~29	158(25℃)	627	566	1025(25℃)
34		δ50	T5	—	277	11	42	0.35	25~29	158(25℃)	627	566	1025(25℃)
35		δ60	T5	—	275	9	42	0.35	25~29	158(25℃)	627	566	1025(25℃)
36		δ65	T5	—	280	10	42	0.35	25~29	158(25℃)	627	566	1025(25℃)
37		δ66	T5	—	294	14	42	0.35	25~29	158(25℃)	627	566	1025(25℃)
38		δ70	T5	—	272	12	42	0.35	25~29	158(25℃)	627	566	1025(25℃)
39		δ80	T5	—	271	10	42	0.35	25~29	158(25℃)	627	566	1025(25℃)

续表

序号	合金牌号	尺寸/规格	热处理状态	屈服强度 $\sigma_{0.2}$/MPa	抗拉强度 σ_b/MPa	伸长率 δ_{10}/%	弹性模量 E/GPa	泊松比 μ	线膨胀系数 μm/(m·K)	热导率 W/(m·K)	液相线温度/℃	固相线温度/℃	热容/ J/(kg·K)
40	AQ80M	200×300×500	T5	175	280	3	42	0.33	25~29	158(25℃)	627	566	1025(25℃)
41	ZM5	φ500×100	T6	75	271	8.5	42	0.33	25~29	158(25℃)	627	566	1025(25℃)
42		φ1200×100	T6	—	265	8	42	0.33	25~29	158(25℃)	627	566	1025(25℃)
43		φ2800×100	T6	—	260	7.9	42	0.33	25~29	158(25℃)	627	566	1025(25℃)
44	ZM6	—	T6	142	251	7.4	42	0.33	25~29	158(25℃)	627	566	1025(25℃)

附表 3 航天器结构用钛合金材料复验性能数据

序号	合金牌号	产品状态	热处理状态	屈服强度 $\sigma_{0.2}$/MPa	抗拉强度 σ_b/MPa	伸长率 δ_{10}/%	弹性模量 E/GPa	泊松比 μ	布氏硬度 HB	线膨胀系数/ $\mu m/(m \cdot K)$	热导率/ $W/(m \cdot K)$	液相线温度/℃	固相线温度/℃	热容/ $J/(kg \cdot K)$
1	TC4	φ0.13	M	—	875	2	108	0.34	195	8	7.96	1674	1615	612
2		φ0.2	M	—	1130	6	108	0.34	195	8	7.96	1674	1615	612
3		φ0.3	M	—	1770	5	108	0.34	195	8	7.96	1674	1615	612
4		φ0.6	M	—	1450	2.5	108	0.34	195	8	7.96	1674	1615	612
5		φ1.2	M	—	1050	18	108	0.34	195	8	7.96	1674	1615	612
6		φ2	Y	—	1000	12	108	0.34	195	8	7.96	1674	1615	612
7		φ5	M	982	1025	16.5	108	0.34	195	8	7.96	1674	1615	612
8		φ10		981	1022	12.5	108	0.34	195	8	7.96	1674	1615	612
9		φ14	M	1000	1050	15	108	0.34	195	8	7.96	1674	1615	612
10		φ16	R	955	1054	15.5	108	0.34	195	8	7.96	1674	1615	612
11		φ20	R	882	947	13.5	108	0.34	195	8	7.96	1674	1615	612
12		φ22	M	938	1018	11	108	0.34	195	8	7.96	1674	1615	612
13		φ25	R	932	967	14.5	108	0.34	195	8	7.96	1674	1615	612
14		φ30	R	921	957	14	108	0.34	195	8	7.96	1674	1615	612
15		φ35	R	903	953	15.5	108	0.34	195	8	7.96	1674	1615	612
16		φ38	M	960	1007	14.5	108	0.34	195	8	7.96	1674	1615	612
17		φ40	R	868	935	15.5	108	0.34	195	8	7.96	1674	1615	612
18		φ40	M	989	1050	12.5	108	0.34	195	8	7.96	1674	1615	612
19		φ45	M	950	984	16.5	108	0.34	195	8	7.96	1674	1615	612

续表

序号	合金牌号	产品状态	热处理状态	屈服强度 $\sigma_{0.2}$/MPa	抗拉强度 σ_b/MPa	伸长率 δ_{10}/%	弹性模量 E/GPa	泊松比 μ	布氏硬度 HB	线膨胀系数/ $\mu m/(m \cdot K)$	热导率/ $W/(m \cdot K)$	液相线温度/℃	固相线温度/℃	热容/ $J/(kg \cdot K)$
20		φ50	R	918	970	14.5	108	0.34	195	8	7.96	1674	1615	612
21		φ50	M	826	924	14	108	0.34	195	8	7.96	1674	1615	612
22		φ55	M	900	979	13	108	0.34	195	8	7.96	1674	1615	612
23		φ70	R	789	898	17	108	0.34	195	8	7.96	1674	1615	612
24		φ80	M	915	946	13.5	108	0.34	195	8	7.96	1674	1615	612
25		φ90	R	818	882	17	108	0.34	195	8	7.96	1674	1615	612
26		φ110	M	876	940	14	108	0.34	195	8	7.96	1674	1615	612
27		φ120	R	870	959	11.5	108	0.34	195	8	7.96	1674	1615	612
28		φ180	R	826	945	13	108	0.34	195	8	7.96	1674	1615	612
29	TC4	φ180	M	783	874	7	108	0.34	195	8	7.96	1674	1615	612
30		φ205	M	945	968	15.5	108	0.34	195	8	7.96	1674	1615	612
31		φ215	M	914	958	16	108	0.34	195	8	7.96	1674	1615	612
32		φ240	M	884	911	11	108	0.34	195	8	7.96	1674	1615	612
33		φ285	M	860	919	12.5	108	0.34	195	8	7.96	1674	1615	612
34		φ375	M	924	978	10.5	108	0.34	195	8	7.96	1674	1615	612
35		δ0.1	M	958	1011	13.5	108	0.34	195	8	7.96	1674	1615	612
36		δ0.5	M	980	1110	17	108	0.34	195	8	7.96	1674	1615	612
37		δ0.8	M	995	1008	22.5	108	0.34	195	8	7.96	1674	1615	612
38		δ1	M	982	1071	14	108	0.34	195	8	7.96	1674	1615	612

续表

序号	合金牌号	产品状态	热处理状态	屈服强度 $\sigma_{0.2}$/MPa	抗拉强度 σ_b/MPa	伸长率 δ_{10}/%	弹性模量 E/GPa	泊松比 μ	布氏硬度 HB	线膨胀系数/ $\mu m/(m\cdot K)$	热导率/ $W/(m\cdot K)$	液相线温度/℃	固相线温度/℃	热容/ $J/(kg\cdot K)$
39		δ1.2	M	1050	1076	15.5	108	0.34	195	8	7.96	1674	1615	612
40		δ1.5	M	1140	1150	14.5	108	0.34	195	8	7.96	1674	1615	612
41		δ2	M	1023	1090	15.5	108	0.34	195	8	7.96	1674	1615	612
42		δ2.1	M	1117	1135	17.5	108	0.34	195	8	7.96	1674	1615	612
43		δ2.8	M	1032	1033	18.5	108	0.34	195	8	7.96	1674	1615	612
44		δ3	M	1048	1061	17	108	0.34	195	8	7.96	1674	1615	612
45		δ4	M	1039	1064	15.5	108	0.34	195	8	7.96	1674	1615	612
46		δ5	M	1031	1067	13.5	108	0.34	195	8	7.96	1674	1615	612
47		δ6	M	959	995	14	108	0.34	195	8	7.96	1674	1615	612
48	TC4	δ8	M	1048	1089	13.5	108	0.34	195	8	7.96	1674	1615	612
49		δ10	R	1010	1080	14	108	0.34	195	8	7.96	1674	1615	612
50		δ10	M	974	1030	11	108	0.34	195	8	7.96	1674	1615	612
51		δ12	R	940	1040	11.5	108	0.34	195	8	7.96	1674	1615	612
52		δ12	M	940	1015	13.5	108	0.34	195	8	7.96	1674	1615	612
53		δ15	M	905	965	13.5	108	0.34	195	8	7.96	1674	1615	612
54		δ18	M	887	959	15	108	0.34	195	8	7.96	1674	1615	612
55		δ20	M	1020	1080	16	108	0.34	195	8	7.96	1674	1615	612
56		δ25	R	1050	1130	11	108	0.34	195	8	7.96	1674	1615	612
57		δ25	M	897	965	15	108	0.34	195	8	7.96	1674	1615	612

续表

序号	合金牌号	产品状态	热处理状态	屈服强度 $\sigma_{0.2}$/MPa	抗拉强度 σ_b/MPa	伸长率 δ_{10}/%	弹性模量 E/GPa	泊松比 μ	布氏硬度 HB	线膨胀系数/ $\mu m/(m \cdot K)$	热导率/ $W/(m \cdot K)$	液相线温度/℃	固相线温度/℃	热容/ $J/(kg \cdot K)$
58	TC4	830	M	1000	1050	10.5	108	0.34	195	8	7.96	1674	1615	612
59		830	R	1020	1090	13.5	108	0.34	195	8	7.96	1674	1615	612
60		840	M	984	1020	14	108	0.34	195	8	7.96	1674	1615	612
61		855	R	1020	1070	12	108	0.34	195	8	7.96	1674	1615	612

附表 4 航天器结构用 SiCp/Al 铝基复合材料复验性能数据

序号	合金	产品状态	热处理状态	屈服强度 $\sigma_{0.2}$/MPa	抗拉强度 σ_b/MPa	伸长率 δ_{10}/%	弹性模量 E/GPa	泊松比 μ	布氏硬度 /HB	线膨胀系数 $\mu m/(m\cdot K)$	热导率 $W/(m\cdot K)$	液相线温度/℃	固相线温度/℃	初熔温度/℃	热容 $J/(kg\cdot K)$
1	SiCp/Al 铝基复合材料	φ45	17% SiCp/2009Al	416	580	4	100								
2		φ60	17% SiCp/2009Al-O	402	600	6	108								
3		φ65	17% SiCp/2009Al	387	552	3	100								
4		φ65	17% SiCp/2009Al-O	402	600	6	108								
5		φ65	17% SiCp/2009Al-T4	402	600	6	108								
6		φ65	17% SiCp/2009Al 淬火+人工时效	430	591	6	—								
7		φ65	30% SiCp/6092Al	517	568	2	—								
8		φ65	30% SiCp/6092Al-O	463	532	1	—								
9		φ65	30% SiCp/6092Al-T6	462	532	2	—								
10		φ65	30% SiCp/6092Al O 淬火+人工时效	459	528	1	—								

续表

序号	合金	产品状态	热处理状态	屈服强度 $\sigma_{0.2}$/MPa	抗拉强度 σ_b/MPa	伸长率 δ_{10}/%	弹性模量 E/GPa	泊松比 μ	布氏硬度 /HB	线膨胀系数/ μm/(m·K)	热导率/ W/(m·K)	液相线温度/℃	固相线温度/℃	初熔温度/℃	热容/ J/(kg·K)
11	SiCp/Al 铝基复合材料	φ70	17%SiCp/2009Al	515	625	1	—								
12		φ70	17%SiCp/2009Al-O	408	579	6.5	105								
13		φ70	17%SiCp/2009AlO 淬火+人工时效	427	595	5	—								
14		φ75	17%SiCp/2009Al O	381	562	6.5	—								
15		φ75	17%SiCp/2009Al OT6	442	581	4	—								
16		φ85	30%SiCp/6092Al	503	553	2	—								
17		φ85	30%SiCp/6092Al-O	474	555	2.5	—								
18		φ85	30%SiCp/6092Al-T6	460	532	2.5	—								
19		φ85	30%SiCp/6092Al-O 淬火+人工时效	476	539	2.5	—								
20		φ90	17%SiCp/2009Al-O	403	556	6	—								

续表

序号	合金	产品状态	热处理状态	屈服强度 $\sigma_{0.2}$/MPa	抗拉强度 σ_b/MPa	伸长率 δ_{10}/%	弹性模量 E/GPa	泊松比 μ	布氏硬度 /HB	线膨胀系数 /$\mu m/(m \cdot K)$	热导率 /$W/(m \cdot K)$	液相线温度/℃	固相线温度/℃	初熔温度/℃	热容 /$J/(kg \cdot K)$
21	SiCp/Al 铝基复合材料	φ100	17%SiCp/2009Al-O	403	556	6	—								
22		φ110	17%SiCp/2009Al-O	403	556	6	—								
23		φ110	17%SiCp/2009AlT6	423	602	6.5	—								
24		φ120	17%SiCp/2009Al-O	399	524	4.5	—								
25		φ120	17%SiCp/2009Al 淬火+人工时效	442	582	5	—								
26		φ130	17%SiCp/2009Al-O	409	596	8	—								
27		φ130	17%SiCp/2009Al-T6	435	590	4	—								
28		φ140	17%SiCp/2009Al	465	588	5.5	—								
29		φ140	17%SiCp/2009Al-O	381	553	6	—								
30		φ140	17%SiCp/2009Al-T6	431	557	3.5	—								

续表

序号	合金	产品状态	热处理状态	屈服强度 $\sigma_{0.2}$/MPa	抗拉强度 σ_b/MPa	伸长率 δ_{10}/%	弹性模量 E/GPa	泊松比 μ	布氏硬度 /HB	线膨胀系数 $\mu m/(m \cdot K)$	热导率 $W/(m \cdot K)$	液相线温度/℃	固相线温度/℃	初熔温度/℃	热容 $J/(kg \cdot K)$
31	SiCp/Al 铝基复合材料	φ140	17%SiCp/2009Al 淬火+自然时效	352	530	4	—								
32		φ150	17%SiCp/ 2009Al	366	569	7.5	—								
33		φ160	17%SiCp/ 2009Al	371	566	8	—								
34		φ160	17%SiCp/ 2009Al-O	398	524	2	—								
35		φ170	17%SiCp/ 2009Al-O	408	579	6.5	—								
36		φ175	17%SiCp/ 2009Al-O	363	509	4	—								
37		φ175	17%SiCp/2009Al 淬火+人工时效	400	529	4.5	—								
38		φ195	17%SiCp/ 2009Al-O	357	579	7.5	104.5								
39		φ215	17%SiCp/ 2009Al-O	357	579	7.5	104.5								
40		φ330	17%SiCp/ 6092Al-O	380	477	6	—								

续表

序号	合金	产品状态	热处理状态	屈服强度 $\sigma_{0.2}$/MPa	抗拉强度 σ_b/MPa	伸长率 δ_{10}/%	弹性模量 E/GPa	泊松比 μ	布氏硬度 /HB	线膨胀系数 μm/(m·K)	热导率 W/(m·K)	液相线温度/℃	固相线温度/℃	初熔温度/℃	热容 J/(kg·K)
41	SiCp/Al 铝基复合材料	φ330	17%SiCp/6092Al 淬火+人工时效	389	474	4	—								
42		390×270×74	SiCp/Al-DZ8		弯曲强度 498		—								
43		90×350×410	55%SiCp/Al		弯曲强度 451		—								
44		32×145×1200	17%SiCp/ 2009Al R		弯曲强度 356		—								
45		1125×920×85	17%SiCp/ 2009Al-O	192	344	7.5	91								
46		110×240×170	17%SiCp/ 2009Al-O	357	579	7.5	104.5								
47		40×220×155	17%SiCp/ 2009Al-O	357	579	7.5	104.5								
48		230×200×180	17%SiCp/ 2009Al-O	357	579	7.5	104.5